新乡水文水资源统计与分析

河南省新乡水文水资源勘测局　编

黄河水利出版社
·郑州·

内容提要

新乡水文经过60多年的发展，积累了大量的降雨、径流等水文资料。本书通过对新乡水文辖区内60多年水文资料的统计，对新乡辖区内各项水文要素进行了分析，从而得出其降雨、径流的特性；进一步对水资源现状进行分析评价，通过地表水资源评价、地下水资源评价及水质评价，得出新乡水文水资源现状，为今后水文工作的开展及各行政部门的决策提供参考依据。

本书可供水文工作者及水利相关部门阅读参考。

图书在版编目(CIP)数据

新乡水文水资源统计与分析/河南省新乡水文水资源勘测局编. —郑州：黄河水利出版社，2015.6

ISBN 978-7-5509-1094-2

Ⅰ.①新… Ⅱ.①河… Ⅲ.①水文统计-新乡市②水文分析-新乡市③水资源-统计分析-新乡市 Ⅳ.①P337.261.3②TV211.1

中国版本图书馆CIP数据核字(2015)082533号

组稿编辑：王路平 电话：0371-66022212 E-mail：hhslwlp@126.com

出版社：黄河水利出版社

地址：河南省郑州市顺河路黄委会综合楼14层 邮政编码：450003

发行单位：黄河水利出版社

发行部电话：0371-66026940、66020550、66028024、66022620(传真)

E-mail：hhslcbs@126.com

承印单位：河南省瑞光印务股份有限公司

开本：787 mm×1 092 mm 1/16

印张：11.25

字数：260千字 印数：1—1 000

版次：2015年6月第1版 印次：2015年6月第1次印刷

定价：60.00元

《新乡水文水资源统计与分析》

编辑委员会

主　　任　朱玉祥

副 主 任　王小国

主　　编　闫寿松

副 主 编　何长海　许　凯

编写人员　席献军　刘学勇　赵文举　王燕鹏　崔恩贵

韩　枫　张春芳　卢玉龙　张凤华　张彦波

郑茹楠　赵元保　穆玉珠　杨展飞　王晓洋

李　黎　原玉辉　刘　晶　陈　飞　周　莺

李仁杰　赵珑迪　叶炳效　孙　柯　蔡玉星

前 言

水是生命之源，生产之要，生态之基，发展之本。生态文明建设离不开水利工作，建设美丽中国需要开展民生水利。水文是水利工作的重要组成部分，在防汛抗旱减灾、水资源监测、水环境保护等方面发挥着重要作用。在党的十八大报告描绘的建成小康社会宏伟蓝图中，水文事业面临机遇，大有作为。

新乡市地处黄河下游，河南省北部，位于东经 113°23′～114°59′，北纬 34°53′～35°50′，跨越最大直线距离南北宽约 107 km，东西长约 149 km。南临黄河，与郑州、开封隔河相望；北依太行山，与鹤壁、安阳毗邻，并与晋东南接壤；西连煤城焦作；东接油城濮阳，并与鲁西以黄河为界。新乡市城区位于境域中西部，南距省会郑州市 80 km，北距首都北京市 600 km。境内铁路南北向的京广线和东西向的新菏、新焦线在城区交汇成“十字形”大枢纽；公路以城区为中心，向四面八方幅射，组成四通八达的铁路、公路交通网络。

新乡水文的发展，截至 2012 年，其辖区范围包括现在的新乡市、焦作市、济源市。2012 年，焦作市、济源市成立水文水资源勘测局，新乡水文的辖区变更为现在新乡市境内。新乡的水文事业，历经 60 多年的发展，取得了今天的大好局面，为保持历史资料的完整性和连续性，在此承上启下的历史时刻，现以新乡市水文事业的发展为主线，对新乡市的河流水文特性作统计分析，对新乡市的水资源状况进行分析评价，为今后新乡水文事业的发展尽绵薄之力。

编 者

2014 年 10 月

目 录

第一章　自然环境

第一节　自然地理

“豫北明珠”新乡市地处中原腹地、河南省北部,南临黄河,与郑州市、开封市隔河相望;北依太行,与鹤壁市、安阳市毗邻;西连太极故里焦作市,与晋东南接壤;东接油城濮阳市与鲁西相连,是国家重要的综合交通枢纽、中原城市群城市之一。

新乡市为豫北地区政治、经济、文化和交通中心之一,在河南省经济社会发展中占有重要地位。全市面积共计 8 249 km^2,其中市区面积 430 km^2。现有耕地面积 619.48 万亩(1 亩 = 1/15 hm^2,下同)。现辖红旗、牧野、卫滨和凤泉 4 区,辉县、卫辉 2 个县级市,新乡、获嘉、原阳、延津、封丘和长垣 6 个县,图 1-1 为新乡市行政区图,图 1-2 为新乡市城区一角。

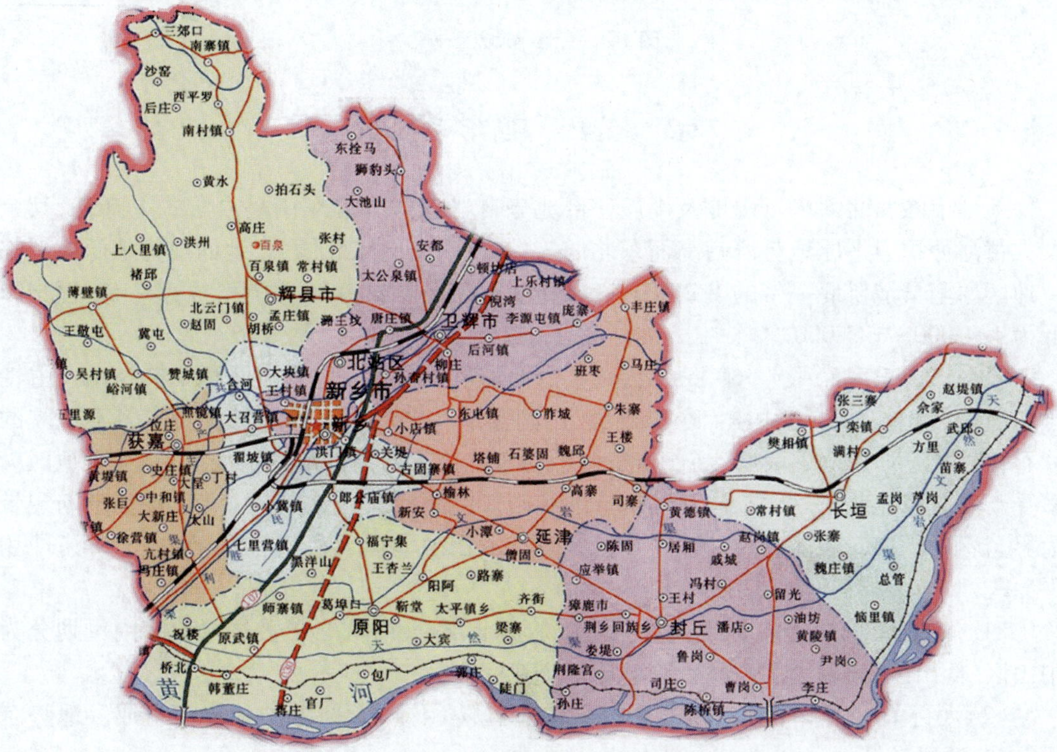

图 1-1　新乡市行政区图

图1-2　新乡市城区一角

第二节　地形地貌

新乡市除西北隅太行山地及山麓一带地势自晋豫边界向东南呈台阶式下降外，其余广大黄河冲积扇平原地势西南高而东北低，总体自西南向东北倾斜，地面坡降从西南隅临黄地区原阳县境桥北一带的1/2 000～1/3 000向东北至长垣县境方里、丁栾一带，逐步降低为1/4 000～1/5 000。

新乡市山丘区面积1 560 km^2，占辖区总面积的18.9%；平原区面积6 689 km^2，占辖区总面积的81.1%。有中山、低山、丘陵、山间盆地和平原等多种地貌类型。各类地貌的分布格局和延伸方向，除辖区南部沿黄一带受秦岭系东西向活动构造控制外，其余地区大多受新华夏系北北东—北东向活动构造的控制。以北北东—北东向太行山前活动断裂带为界，新生代以来，除西北隅地壳持续抬升隆起成山外，其余地区持续下沉成为黄河冲积平原。

(1)太行山地，分布于卫辉及辉县两市的西北部和北部，自晋豫边界向东南可划分为中山区、低山区、丘陵区和山间断陷盆地四个亚区。

(2)太行山前倾斜平原，北、北西与低山和丘陵相接，大部由洪积扇裙组成。地势东段较陡，西段较缓。

(3)太行山前交接洼地，北、北西与太行山前倾斜平原相接，南、南东与黄河冲积平原相连，系一向东北倾斜的槽形洼地，卫河和共产主义渠纵贯其间。

(4)黄河冲积平原，第四纪中更新世早期黄河进入河南平原，经晚更新世至全新世，由于水流的搬运、堆积作用，逐步发展形成黄河冲积扇平原。人文时期起自武陟城北，沿北东方向经市境获嘉丁村，新乡市东南、卫辉城东出境的古黄河（禹河）公元前602年宿胥口（今浚县淇门）之决，为有史料记载的黄河第一次大迁徙，此后历经大改道6次，小改道20余次。其中，以金明昌5年（1194年）黄河在今原阳县境西北张大夫寨决口改道后，至1236年经延津、封丘、长垣出境的故道，对辖区影响最大。目前，在古阳堤和太行堤之南，尚保留着经风力搬运改进后的沙丘、沙垄等古河道遗址。根据河流地貌，从太行山前交接洼地向东南可将冲积扇平原划分为郇封岭岗地区、古黄河背堤洼地区、古黄河滩地区、古黄河故道区、原延封长低洼平原区、黄河背堤洼地区、黄河滩地区等七个亚区。

第三节　气候特征

新乡地处北纬35°18′，东经113°54′，属暖温带大陆性季风气候区，四季分明，冬寒夏热，秋凉春早，年平均气温14 ℃；7月最热，平均气温27.3 ℃；1月最冷，平均气温0.2 ℃；最高气温42.7 ℃（1951年6月20日），最低气温－21.3 ℃（1951年1月13日）。年均湿度68%，最大冻土深度280 mm。

多年平均降水量656.3 mm，最大降水量1 168.4 mm（1963年），最小降水量241.8 mm（1997年），最大积雪厚度395 mm（2009年），年蒸发量1 748.4 mm。6～9月降水量最多，为409.7 mm，占全年降水量的72%，且多暴雨。

2013年，新乡市年平均气温14.9 ℃，年平均日照时数1 928.5 h，无霜期220 d。

季风特征明显，冬季盛行东北风，夏季盛行西南风。在地理环境、大气环流、地形、地势等因子的综合作用下，形成了暖温带大陆性季风型气候。全年最多风向为东北东风，频率为17.49%，其次为东北风，频率为12.3%。年平均风速为2.45 m/s。

第四节　流域及水系

新乡市分属黄河流域和海河流域，大致以辖区内祝楼—黑羊山—古固寨—东屯—庞寨—丰庄一线附近的古黄河故道及其滩地交界一带的北东—南西向微高地为分水岭。

（1）黄河流域。位于南部、东部平原的原阳、延津、封丘、长垣四县及新乡县的东南部，流域面积4 531 km^2，占全市总面积的54.9%。黄河干流为市境南部和东部的界河，市界河长约170 km。黄河流域的主要支流有天然文岩渠和金堤河。天然渠和文岩渠在大车村汇流为天然文岩渠。该渠发源于焦作市武陟县张菜园村，向东北方向流经原阳、延津、封丘、长垣四县至濮阳县渠村分洪闸上游汇入黄河。金堤河发源于新乡县朗公庙镇，流经新乡县、红旗区、卫辉市、延津县。

（2）海河流域。包括西北部的辉县、卫辉二市以及获嘉全县、新乡县大部分，新乡市区的卫滨区、牧野区、凤泉区及红旗区西部。流域面积3 718 km^2，占全市总面积的45.1%。

图1-3为海河流域万仙山风光。

卫河系海河流域漳卫河水系，新乡县合河镇以上称大沙河。卫河发源于山西省陵川

图 1-3 万仙山风光

县夺火镇,在修武县与获嘉县交界的官司桥村进入新乡市,在卫辉市的小河村出市进入鹤壁市。卫河呈西南—东北向横穿市境,境内长约 80 km。市域内主要左侧支流有峪河、石门河、黄水河、刘店干河、十里河、香泉河及沧河等;右侧平原主要支流有大狮涝河及东孟姜女河、西孟姜女河。

共产主义渠为人工河道,1958 年原为向河北、山东输送黄河水开挖,1962 年停止引黄,成为行洪、排涝河道,在合河镇穿断卫河,沿卫河左岸向下至老观嘴再入卫河,承纳左岸山区来水。共产主义渠已成为卫河老观嘴以上的主要泄洪河道。该段卫河只接纳右岸平原支流涝水。共产主义渠与卫河水量可由闸门控制调节,在径流量计算时将它们的水量合并计算。

(3)人工渠道。新乡市有较好的引黄条件,引黄人工河道较多。海河流域的引黄河道主要有自黄河北岸武陟秦厂引黄入境的人民胜利渠和武嘉干渠,为跨流域引水工程。黄河流域的引黄渠道主要有韩董庄干渠、堤南灌区干渠、祥符朱干渠、石头庄干渠、大功干渠等。这些引黄渠道为市境灌溉、地下水补源的主要人工渠道。

图 1-4 为新乡、焦作、济源三市河流水系图。

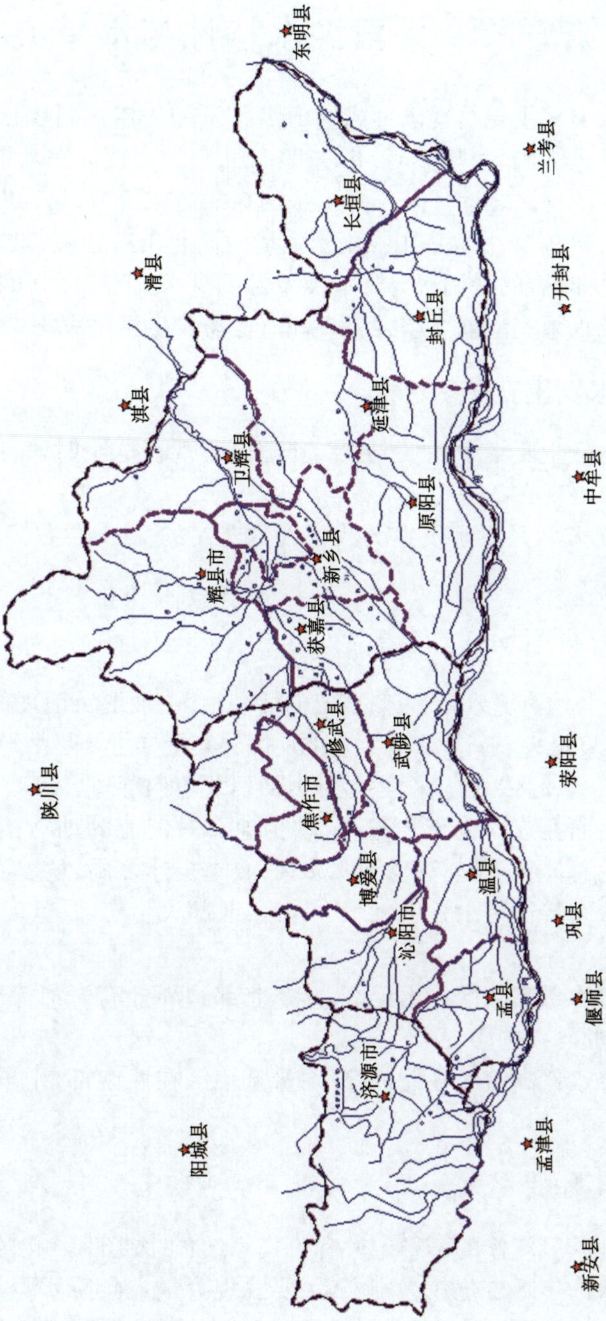

图 1-4 新乡、焦作、济源三市河流水系图

第五节　暴雨洪水特性与水旱灾害

新乡市的洪水灾害主要是暴雨形成的山洪暴发和内涝。新乡市地处中纬度地带，属于暖温带大陆性季风气候，南临黄河，北依太行山，卫河由西向东从市中部穿过，历史上就是洪涝灾害最严重的地区之一。全年降雨量的60%左右集中在7、8两月，而且日降水量≥50 mm的大暴雨90%以上也集中在雨季。境内西北山区丘陵，坡陡沟深，源短流急，植被较差。强度大、历时短的暴雨极易形成突发性的洪水灾害。个别年份秋季长期阴雨，雨量大，面积广，河流水系宣泄能力差，河水暴涨，也易发生洪水灾害。

一、暴雨洪水发生在7～9月

新乡市年降水量主要集中在7～9月，暴雨也出现在这个时段，所以由暴雨引起的各大河流洪水也主要出现在7～9月。

据调查统计，7、8两月洪水发生次数可占到全年的85%左右，7～9月洪水发生次数占全年的90%以上。

二、地域上分布不均

降水量的大小与水汽输入量、天气系统的活动情况、地形及地理位置等因素有关，其中地形对降水影响程度最大。新乡市降水量的地区分布差异主要是由地形差异所引起的。

新乡市南临黄河、北依太行，巍巍太行山从西北境内穿过，受山丘地形的影响，产生抬升作用，利于降水；而在广阔的平原地带，缺少地形对气流的动力抬升作用，则不利于降水。新乡市降水的总体特点是：春季温暖多风，夏季炎热多雨，秋季天高气爽，冬季干冷少雪。降水量地区分布特征是山丘区大于平原区，北部大于南部，呈现由南向北降水量逐渐增加的趋势。

海河流域内降水量高值区在山丘区，其东北部边界处有海河流域的降水高值中心官山，也是海河流域的暴雨中心。

黄河流域内降水量高值区在北部，降雨量低值区在西南部，干旱少雨，多年平均降水量在530 mm以下。

三、降水的年际变化大

受温带大陆性季风气候的不稳定性和天气系统的多变性影响，年际之间降水量差别很大。新乡市降水的年际变化较为剧烈，主要表现为最大年降水量与最小年降水量的比值（极值比）较大，年降水量变差系数较大和年际间丰枯变化频繁等特点。

新乡市主要雨量站年降水量的极值比一般为3.5～4.6；极值比最大的站点为合河雨量站，1963年降水量为1 201.5 mm，1997年降水量仅263.5 mm，年降水极值比达4.6。

最大年降水量与最小年降水量的差值（极差），从绝对量上反映降水的年际变化，雨量站的极差为671.6～938.0 mm，极差最大的站点为合河站，相差938.0 mm。

第二章　水文管理

新乡水文行业的发展经历了初期由地方水利局代管，到1980年后收归河南省水利厅直管，到2009年5月实现由河南省水利厅与新乡市人民政府“双重管理”模式，是一个由简单化、传统化管理，到规范化、制度化管理的不断完善、提高的漫长过程。

长期以来，由于水文行业的特殊性，社会上对水文行业的认知度不够，新乡水文事业发展缓慢、经费短缺、职工工作环境、生活环境十分艰苦，福利保障较差。

改革开放以来，水文事业发展步伐加快，1998年以来，随着水文改革的不断深化，水文法规日趋完善，各项工作制度更加健全，水文行业迎来了春天。从最基本的工作环境、生活环境上不断得到改善，工作经费，职工工资、福利待遇得到较大幅度的提高，广大职工的工作积极性得到前所未有的提升。

2009年5月21日，水利部部长陈雷在全国水文工作会议上发表《深入贯彻落实科学发展观　全面提升水文支撑保障能力》的讲话，明确提出了“大水文”发展理念并进行了深刻阐述。2009年7月28日，为切实解决水文事业发展中存在的突出问题，进一步加强水文工作，水利部专门印发了《关于进一步加强水文工作的通知》》（水文〔2009〕379号），以红头文件的形式正式提出转变观念，提高认识，牢固树立“大水文”发展理念。至此，“大水文”发展理念已经成型，烙印于每一位水文职工的心中，为全社会其他行业所了解和熟知，成为新时期我国水文工作的根本指针。新乡水文局与时俱进，在上级主管部门的关注和重视下，建立了较为完善的水文站网，水文基础设施得到改善，防汛抗旱测报减灾效益显著，积极拓宽服务面，水生态监测逐步展开，水文队伍建设不断加强，水文现代化步伐加快，进入了良性发展轨道。

2011年，中央1号文件提出了“民生水利”发展的新思路，国家对水文事业的投入与关注度也在不断增加，新乡水文局在上级领导部门的大力支持下，通过完善遥测雨量站建设、水文巡测站和分中心的建设，在基础设施和技术投入上得到了长足发展，为今后的水文事业发展，向社会提供优质水文服务，打下了坚实的基础。

第一节　组织机构

1980年之前，新乡水文机构由新乡水利局管理。“文化大革命”结束后，百废待兴，水文事业也迎来了发展的春天。1980年1月10日，中共河南省委、省人民政府根据中央精神下发豫文〔80〕4号“关于把各地市水文站收归省管的报告的批复”，同意水利厅党组的报告，将各地市水利局领导的水文分站及其所属水文测站，于1980年1月1日起收归省水利厅水文总站统一管理。1980年从新乡市水利局分离出来后，成立了河南省水文总站新乡分站，归河南省水利厅水文总站统一管理。新乡分站内设办公室、人事科、财务科、技术室共4个科室及合河、黄土岗、汲县、朱付村、八里营、大车集、峪河口、秦厂、修武、赵李庄、饮马口共11个水文站。

随着全国以经济建设为中心和改革开放形式的发展，水文工作从单纯的测、整、报，不断扩展至一些新的领域。

根据豫编〔1997〕8号文，新乡水文分站更名为河南省新乡水文水资源勘测局，机构规格为副处级。河南省新乡水文水资源勘测局的内设科室根据水文工作发展的需要也有较大变化。截至2013年，河南省新乡水文水资源勘测局内设科室共有办公室、人事科、财务科、水情科、水资源科、测验科、水质监测室等共7个科室。下属合河水文站、朱付村水文站、八里营(二)水文站、饮马口水文站、黄土岗(二)水文站、汲县(二)水文站、大车集水文站、宝泉水文站共8个水文站。

2009年5月15日，在河南省水利厅，新乡市委、市政府的高度重视下，新乡市水文双重管理体制正式实施，新乡市水文水资源局挂牌成立。上午10:00揭牌仪式隆重举行，仪式由省水利厅人事处崔惠琴处长主持，河南省水利厅党组成员、副厅长于合群，新乡市政府副市长崔卫新、河南省水文局书记潘涛出席挂牌仪式。水文双重管理体制顺应新时期水文事业发展的客观要求，是目前全国大力推行的水文管理模式。

第二节　人才队伍建设

截至2014年年底，新乡水文职工共52人(女职工18人)，其中局机关32人，测站20人；行政干部2人，技术干部43人，工人7人；具有高级技术职称的5人，中级职称的17人。学历情况：研究生2人，大学本科33人，大学专科11人，中专1人，高中及以下5人。离退休人员：离休人员2人，技术人员21人，管理人员5人，工勤人员13人，共41人。

在职职工除参加省局统一组织比较正规的集中学习培训外，还有不少同志参加了各类不同专业，如财会、化学、计算机等专业的学习，分别在外地或本地院校获得大专或本科毕业证书。此外，我局结合省局要求不定期举办各种短期业务技术培训，如水质取样、整编、缆道技术等业务培训。

第三章　水文监测站网

第一节　水文站网

一、站（网）建设

新乡市境内观测雨量和水位始于民国八年（1919 年），顺直水利委员会设立的汲县雨量站是河南省最早设立的 3 个雨量站之一。民国十年（1921 年），改为水位站，并兼测雨量。民国十七年（1928 年），华北水利委员会（由顺直水利委员会改组）在黄河干流设立柳园口水文站，是境内最早的水文站。1933 年，河南省第四水利局在卫河设立合河水文站。1934 年在卫河设立新乡水文站，开始水面蒸发观测。

新中国成立后，大规模的经济建设及河道治理、防汛、除涝、流域规划迫切需要提供水文资料，水文站网发展较快。1951 年，平原省水利局建立新乡一等水文站，对豫北地区水文站进行管理。1952 年恢复合河水文站。1954～1958 年，相继设立大王庙（峪河口）、汲县、汲县（唐岗）、合河（共产主义渠）、大车集、修武、赵礼庄（济源）等水文站及白庄、东花木水文站。1961 年汲县（唐岗）下迁 3.5 km 更名为黄土岗水文站，1989 年又上迁 3.5 km 更名为黄土岗（二）水文站。1963 年设立朱付村水文站，1965 年下迁 400 m 更名为朱付村（二）水文站。1964 年，水电部豫北试验站在西孟姜女河设路庄站，1966 年路庄站被撤销，1972 年恢复路庄站并更名为八里营水文站。1964 年将赵礼庄（济源）径流实验站改为径流站，1971 年将赵礼庄（济源）径流站改为水文站，1998 年因行政区划变更将赵李庄水文站更名为济源水文站。1966 年白庄水文站被撤销。1971 年东花木水文站被撤销。1966 年，河南省水利厅在天然渠上设大宾水文站，1985 年被撤销。1971 年，为建石门水库，新乡地区水利局设立上八里水文站，1975 年水库建成后迁至水库坝上，1988 年站名更名为石门水库水位站。1981 年，为监测黄（河）济（天）津水量水质，河南省水文总站在人民胜利渠上设立秦厂（何营）水文站和饮马口水文站。1999 年秦厂水文站地址由原来的河南省武陟县二铺营乡秦厂村迁移至河南省武陟县詹店镇何营村，站名更改为何营水文站。1998 年峪河口水文站地址由原来的河南省辉县市薄壁乡铁匠庄迁移至河南省辉县市薄壁镇宝泉水库，站名更改为宝泉水库水文站，测验设立为宝泉水库（坝上）、宝泉水库（溢洪道）、宝泉水库（上干渠）、宝泉水库（干渠）和宝泉水库（出库总量）。

2008 年建成的国家防汛抗旱指挥系统一期工程新乡水情分中心（包括新乡、济源、焦作三市），建设项目包括 17 处中央报汛站、24 处省级报汛站，共 41 处。报汛站的雨量、水位信息采集、报汛通信设备及水情分中心系统集成、焦作信息接收点建设等。分布于新乡、焦作、济源三市及山西省陵川县境内，点多且比较分散。17 处中央报汛站包括朱付村、修武等 8 个水文站，石门、塔岗等 4 个水库站，原阳、博爱等 5 个雨量站。24 个省级报汛站包括何营、饮马口 2 个水文站，仝庄、裴固 2 个水位站，群英、马鞍石等 8 个水库站和焦作、西村等 12 个雨量站，共计 10 个水文站，2 个水位站，12 个水库站，17 个雨量站。

2010 年 10 月 10 日，国务院出台《国务院关于切实加强中小河流治理和山洪地质灾害防治若干意见》(国发〔2010〕31 号)，要求力争用 5 年时间，使防洪减灾体系薄弱环节的突出问题得到基本解决，完善防洪非工程措施，加强水文测站站网及基础设施建设，完善市水文巡测基地和应急监测能力，密切监控河流汛情，提高水文监测能力和预报精度。2011 年 6 月，水利部办公厅拟发"关于召开全国中小河流水文监测系统建设前期工作会议的通知"，安排部署 2011 年建设项目前期工作。强调各省市依据国务院批准的《总体规划》开展实施方案编制工作，其设计深度应同时满足部颁水文设施可行性研究和初步设计报告要求，突出项目建设的必要性，可行性论证，达到初步设计深度。根据河南省《全国中小河流水文监测系统建设河南省工程建设项目实施方案》的统一部署，新乡市中小河流水文监测系统项目 2012～2013 年度在黄水河、石门河、刘店干河、淇河、大狮涝河、共产主义渠、民生渠、东孟姜女河、卫河、香泉河、东大沙河、柳青河、天然渠、文岩渠、文岩九支、丁滦沟 16 条河流上，新建东碑村、大宾、米庄、狮子营、寺庄顶、秦庄、花木、占城、南云门、三郊口水库、黄甫、下马营、塔岗水库、西南庄、罗滩、汲津铺、封丘、裴固、陶北、王堤、白塔、三姓庄、张光、后马良固共计 24 个水文巡测站。经过本次建设，能够达到规范水文信息采集、数据传输处理流程，加快水文现代化进程，提高中小河流洪水监测预警能力，兼顾公共服务和管理、决策需求的目的。

二、站(网)管理

《河南省水文条例》经河南省第十届人民代表大会常务委员会第十六次会议于 2005 年 5 月 26 日审议通过，2005 年 10 月 1 日起施行。

2007 年 4 月 25 日，国务院颁发了《中华人民共和国水文条例》，2007 年 6 月 1 日起施行，标志着我国水文事业进入有法可依、规范化管理的新阶段。

2011 年 12 月 2 日，中华人民共和国水利部令第 44 号:《水文站网管理办法》已经于 2011 年 11 月 17 日水利部会议审议通过，现予以公布，自 2012 年 2 月 1 日起施行。

其中，第三条:国务院水行政主管部门负责全国水文站网规划、建设和管理工作，其直属的水文机构具体负责组织实施。

国家重要水文测站由省、自治区、直辖市人民政府水行政主管部门或者流域管理机构提出，报国务院水行政主管部门直属水文机构审查后，由国务院水行政主管部门确定并公布。

第九条:国务院水行政主管部门直属水文机构负责组织编制全国水文站网规划，报国务院水行政主管部门批准。

流域管理机构负责组织编制流域水文站网规划，报国务院水行政主管部门直属水文机构批准。

省级水文机构负责组织编制本行政区域水文站网规划，经流域管理机构审核，报省、自治区、直辖市人民政府水行政主管部门批准，并报国务院水行政主管部门直属水文机构备案。

新乡市境内新中国成立初期设立的水文站多是租用房屋或借助庙宇、祠堂，租赁民船、雇用民工进行观测，测验设备简陋。1958 年，河南省水利厅以“可以下交的单位，尽量下交”来紧缩机构，水文站交所在县水利局领导。因管理松懈、随意抽调测站人员，造成资料缺测、停测，影响了站网的整体功能。1963 年，为贯彻中共中央国务院加强水文测站管理工作的批示，新乡水文分站按照水电部《水文测站管理条例（草案）》和《河南省水文测站管理工作条例补充规定（草案）》，逐站进行以测站位置、河段断面、水准点、基线、水尺、测量标志、仪器测具、过河设施、测洪能力、气象场等为内容的测站鉴定。然后按照《水文测验暂行规范》的要求标准，颁布各测站的“任务书”。对委托雨量站实行委托合同制，签订委托合同。通过整顿，资料质量明显提高。

1984 年，新乡水文分站对水文站网进行以设站为目的，以站址位置、观测项目、水资源分析等为内容的逐站审查，达到了站网布局合理、设站目的明确、观测项目基本配套的目的，使测站的代表性和资料的使用价值得到提高。

随着国民经济的发展及水资源开发利用的深入，人类活动改变了河道径流的自然特征，固定断面收集的水文资料已很难满足水利及国民经济各部门的要求，变固定断面测验为站队结合，开展巡测，可以扩大测验范围，提高工作效率，更有利于发挥站网的整体功能。1985 年水电部颁发《水文勘测站队结合试行办法》，新乡水文水资源总站曾组建卫辉队和引黄队试行小片联合观测。1993 年河南省水利厅制定并颁发《河南省水文管理暂行办法实施细则》，使站网管理工作进一步科学化、制度化，并提出了水文工作“站网优化，分级管理，技术先进，精兵高效，全民服务”的发展目标。

河南省新乡水文水资源勘测局成立于 1993 年 6 月，位于新乡市牧野区建设东路 41 号，2014 年 9 月办公地址搬迁至红旗区金穗大道与新二街交叉口靖业公元国际 22 楼。隶属于河南省水文水资源局，负责新乡、焦作、济源三市行政区域内的降雨量、地表水、地下水及墒情的信息采集与资料整编工作，防汛工作中的水文、降雨的情报与预报工作，水资源分析评价与水资源公报的编制发布工作，承担水文工作的行政管理职能。辖区西至济源、东到长垣，管理新乡、焦作、济源三市行政区域内的地方水文站网。

根据豫水文测〔2012〕5 号文《河南省水文水资源局关于开展站网隶属关系调整工作的通知》要求。自 2013 年原属于新乡水文水资源勘测局管理的济源水文站和雨量站（黄龙庙、交地、虎岭、竹园）以及济源墒情站调整为济源水文局管理；原属于新乡局管理的何营、修武水文站和雨量站（黄围、玄坛庙、博爱、宁郭、田坪、西村、孟泉、金岭坡、焦作、南岭）以及墒情站（修武、何营、沁阳、孟州、温县、博爱）调整为焦作水文局管理。新乡水文水资源勘测局调整后站网见表 3-1。

表 3-1　新乡水文水资源勘测局站网情况统计

序号	测站名称	所辖断面名称	测站/断面编码	流域	水系	河流	设站/断面年份
1	合河	合河(卫)	31003400	海河	南运河	卫河	1933
2	卫辉	汲县(二)	31003602	海河	南运河	卫河	1950
3	宝泉水库	宝泉水库(坝上)	31005110	海河	南运河	峪河	1998
4	宝泉水库	宝泉水库(溢洪道)	31005115	海河	南运河	峪河	1998
5	宝泉水库	宝泉水库(干渠)	31005120	海河	南运河	峪河	1998
6	宝泉水库	宝泉水库(上干渠)	31005130	海河	南运河	峪河	1971
7	八里营	八里营(四支)	31005401	海河	南运河	四支排渠	1964
8	八里营	八里营(二)	31005402	海河	南运河	西孟姜女河	1964
9	饮马口	饮马口	31005460	海河	南运河	人民胜利渠	1981
10	合河	合河(共)	31006200	海河	南运河	共产主义渠	1955
11	卫辉	黄土岗(二)	31006302	海河	南运河	共产主义渠	1961
12	大车集	大车集	41402400	黄河	黄河	天然文岩渠	1956
13	朱付村	朱付村	41402500	黄河	黄河	文岩渠	1963
14	石门水库	石门水库	31005200	海河	南运河	石门河	1971

第二节　流量站网

1933 年,河南省第四水利局设立合河水文站,负责卫河流量的监测工作。1954 ~ 1958 年,设立大王庙(峪河口)、汲县、汲县(唐岗)、合河(共产主义渠)、大车集、修武、赵礼庄(济源)等水文站及白庄、东花木水文站。1961 年汲县(唐岗)下迁 3.5 km 更名为黄土岗水文站,1989 年又上迁 3.5 km 更名为黄土岗(二)。1963 年设立朱付村水文站,1965 年下迁 400 m 更名为朱付村(二)。1964 年,水电部豫北试验站在西孟姜女河设路庄站,1966 年路庄站被撤销,1972 年恢复路庄站更名为八里营水文站,1964 年将赵礼庄(济源)径流实验站改为径流站,1971 年将赵礼庄(济源)径流站改为水文站,1998 年因行政区划变更将赵李庄水文站更名为济源水文站。1966 年白庄水文站被撤销。1971 年东花木水文站被撤销。1966 年,河南省水利厅在天然渠上设大宾水文站,1985 年被撤销。1971 年,为建石门水库,新乡地区水利局设立上八里水文站,1975 年水库建成后迁至水库坝上,1988 年站名更名为石门水库水位站。1981 年,为监测黄(河)济(天)津水量水质,河南省水文总站在人民胜利渠上设立秦厂(何营)水文站和饮马口水文站。1999 年秦厂水文站地址由原来的河南省武陟县二铺营乡秦厂村迁移至河南省武陟县詹店镇何营村,站名更改为何营水文站。1998 年峪河口水文站地址由原来的河南省辉县市薄壁乡铁匠庄迁移至河南省辉县市薄壁镇宝泉水库,站名更改为宝泉水库水文站,测验设立为宝泉水库

（坝上）、宝泉水库（溢洪道）、宝泉水库（上干渠）、宝泉水库（干渠）和宝泉水库（出库总量）。新乡局流量监测断面现状统计见表 3-2、表 3-3；新建巡测站图片见图 3-1。

图 3-1　新建巡测站图片

表 3-2　新乡水文局流量监测断面现状统计

序号	测站名称	所辖断面名称	测站/断面编码	水系	河流	设站/断面年份
1	合河	合河（卫）	31003400	南运河	卫河	1933
2	卫辉	汲县（二）	31003602	南运河	卫河	1950
3	宝泉水库	宝泉水库（坝上）	31005110	南运河	峪河	1998
4	宝泉水库	宝泉水库（溢洪道）	31005115	南运河	峪河	1998
5	宝泉水库	宝泉水库（干渠）	31005120	南运河	峪河	1998
6	宝泉水库	宝泉水库（上干渠）	31005130	南运河	峪河	1971
7	八里营	八里营（四支）	31005401	南运河	四支排渠	1964
8	八里营	八里营（二）	31005402	南运河	西孟姜女河	1964
9	饮马口	饮马口	31005460	南运河	人民胜利渠	1981
10	合河	合河（共）	31006200	南运河	共产主义渠	1955
11	卫辉	黄土岗（二）	31006302	南运河	共产主义渠	1961
12	大车集	大车集（二）	41402400	黄河	天然文岩渠	1956
13	朱付村	朱付村	41402500	黄河	文岩渠	1963

表 3-3　新乡水文局新建 24 处水文巡测站

序号	站名	站号	类型	位置	经度（°）	纬度（°）
1	东碑村	31006210	水文	获嘉县大辛庄乡东碑村	113.62	35.14
2	大宾	41402410	水文	原阳县大宾乡大宾村	114.04	35.01
3	米庄	41402510	水文	原阳县城关镇米庄村	113.98	35.08
4	狮子营	31006230	水文	获嘉县黄堤镇狮子营村	113.57	35.25
5	寺庄顶	31006220	水文	新乡市牧野区王村镇寺庄顶村	113.52	35.20
6	秦庄	31003610	水文	新乡市红旗区洪门镇秦庄村	113.98	35.33
7	花木	31005130	水文	辉县市赵固乡花木村	113.71	35.42
8	占城	31005120	水文	辉县市占城乡城关村	113.68	35.38
9	南云门	31005140	水文	辉县市北云门镇南云门村	113.76	35.41
10	三郊口水库	31005580	水文	辉县市三郊口乡三郊口水库	113.63	35.80
11	皇甫	31006320	水文	卫辉市上乐村镇皇甫村	114.24	35.49
12	下马营	31006310	水文	卫辉市上乐村镇下马营村	114.19	35.51
13	塔岗水库	31005500	水文	卫辉市狮豹头乡塔岗水库	114.01	35.58
14	西南庄	31005510	水文	卫辉市顿坊店乡西南庄村	114.07	35.46
15	罗滩	41402620	水文	延津县丰庄乡罗滩村	114.36	35.41
16	汲津铺	41402610	水文	延津县东屯镇汲津铺村	114.11	35.31
17	封丘	41402420	水文	封丘县城关乡陈堂村	114.42	35.02
18	裴固	41402550	水文	封丘县戚城乡裴固村	114.52	35.15
19	陶北	41402570	水文	封丘县油坊乡陶北村	114.67	35.07
20	白塔	41402530	水文	封丘县居厢乡白塔村	114.25	35.13
21	张光	41402540	水文	封丘县冯村乡张光村	114.52	35.06
22	三姓庄	41402580	水文	封丘县荆隆宫乡三姓庄村	114.36	34.95
23	王堤	41402520	水文	封丘县赵岗镇王堤村	114.60	35.14
24	后马良固	41402630	水文	长垣县丁栾镇后马良固村	114.80	35.32

第三节　水位站网

1953 年设立石头庄水位站，1963 年撤销。1971 年设立石门水库水位站。2012 年新建正面水库、狮豹头、陈家院 3 处水位站。新乡水文局水位站统计结果见表 3-4。

表 3-4　新乡水文局水位站统计结果

序号	站名	站号	类型	位置	经度
1	石门水库	31005200	辉县市上八里乡石门水库	113.35	35.34
2	陈家院	31005550	辉县市三郊口乡陈家院水库	113.58	35.79
3	狮豹头	31005480	卫辉市狮豹头乡狮豹头水库	114.00	35.64
4	正面水库	31005485	卫辉市狮豹头乡正面水库	113.98	35.68

第四节　泥沙站网

新中国成立初期，新乡一等水文站进行过断面输沙率测验，其他站只测含沙量。境内的合河（卫）、汲县（二）、饮马口、合河（共）、大车集（二）、何营（2013 年由焦作局管理）、济源（2013 年由济源局管理）断面有含沙量测验项目，新乡局泥沙监测断面现状统计见表 3-5。

表 3-5　新乡水文局泥沙监测断面现状统计

序号	测站名称	所辖断面名称	测站/断面编码	流域	水系	河流	设站/断面年份
1	合河	合河（卫）	31003400	海河	南运河	卫河	1933
2	卫辉	汲县（二）	31003602	海河	南运河	卫河	1950
3	饮马口	饮马口	31005460	海河	南运河	人民胜利渠	1981
4	合河	合河（共）	31006200	海河	南运河	共产主义渠	1955
5	大车集（二）	大车集（二）	41402400	黄河	黄河	天然文岩渠	1956

第五节　降水量站网

新乡局整编雨量站共有 66 处，2013 年原属于新乡局管理的济源水文站和雨量站（黄龙庙、交地、虎岭、竹园）调整为济源水文局管理；原属于新乡局管理的何营、修武水文站和雨量站（黄围、玄坛庙、博爱、宁郭、田坪、西村、孟泉、金岭坡、焦作、南岭）调整为焦作局管理。目前，新乡局管辖 49 处整编雨量站和 220 处遥测雨量站。

第六节　水面蒸发站网

新乡水文局现有合河、大车集两处水面蒸发观测站，合河站有辅助气象观测。1988

年，水利部颁发《水面蒸发观测规范》（SD 265—88），规定全国统一使用 E_{601} 蒸发器，冬季使用 20 cm 蒸发器，水面蒸发每日 8 时观测，辅助气象项目于每日 8 时、14 时、20 时观测，新乡市水面蒸发站统计见表 3-6。

表 3-6　新乡水文局水面蒸发站统计

序号	站名	流域	水系	站号	河流	所在乡镇、村
1	合河	海河	南运河	31021700	卫河	河南省新乡县合河乡后贾村
2	大车集	黄河	黄河	41426400	天然文岩渠	河南省长垣县位庄乡大车集村

第七节　水温观测站网

新乡水文局下属合河（共）、汲县（二）、宝泉水库（坝上）、济源（2013 年由济源局管理）、大车集（二）5 处水面蒸发观测站，各站水温项目于每日 8 时观测。新乡市水温观测站统计见表 3-7。

表 3-7　新乡水文局水温观测站统计

序号	站名	断面名称	站号	水系	河流	设立时间
1	合河	合河（共）	31006200	南运河	共产主义渠	1955
2	卫辉	汲县（二）	31003602	南运河	卫河	1950
3	宝泉水库	宝泉水库（坝上）	31005110	南运河	峪河	1998
4	卫辉	黄土岗（二）	31006302	南运河	共产主义渠	1961
5	大车集	大车集（二）	41402400	黄河	天然文岩渠	1956

第八节　墒情观测站网

2002 年根据河南省水利厅、河南省水文水资源局部署，新乡水文局设置人工墒情观测站 15 处（大车集、封丘、朱付村、原阳、卫辉、张唐马、宝泉、合河、济源、何营、孟州、博爱、沁阳、温县、修武）。自 2013 年年初开始，济源墒情站由济源水文局管理，何营、孟州、博爱、沁阳、温县、修武墒情站由焦作水文局管理。

根据 2010 年河南省水利厅评审通过的《河南省土壤墒情及地下水自动监测系统一期工程建设实施方案》，河南省土壤墒情及地下水自动监测一期工程新乡分中心建设项目包括 12 处土壤墒情，见表 3-8。

表 3-8　新乡水文局遥测墒情站统计表

序号	站名	坐标		站址（县、乡、村等）	耕地类型	
		东经	北纬		旱地	麦田
1	八里营	113°50′	35°17′	新乡市平原乡八里营村		√
2	上乐村	114°12′	35°28′	卫辉市上乐村镇上乐村		√
3	毛滩	113°50′	35°08′	新乡县七里营乡毛滩村		√
4	牛井	113°57′	35°04′	原阳县城关乡牛井村		√
5	季庄	113°39′	34°58′	原阳县桥北乡季庄村		√
6	朱付村	114°15′	35°11′	延津县僧固乡朱付村		√
7	庞古寨	114°20′	35°21′	延津县马庄乡庞古寨村		√
8	黄陵	114°39′	34°59′	封丘县黄陵镇黄陵村		√
9	水车里	114°23′	35°01′	封丘县城关乡水车里村		√
10	孔庄	114°39′	35°10′	长垣县常村镇孔庄村		√
11	大车集	114°41′	35°05′	位庄镇大车集村		√
12	辛丰	113°39′	35°12′	获嘉县大新庄乡辛丰村		√

第九节　地下水站网

地下水是重要的水源，又是影响涝碱的重要因素。为了做好地下水的合理开发利用和科学管理工作，必须进行地下水观测研究。探索地下水的自然规律，分析地下水动态，发布预报，开展资源评价，给机井建设及其国民经济建设提供可靠依据。

新中国成立前，全省无地下水观测井站网。1953 年管理部门在人民胜利渠（引黄灌区）布设了部分观测井，观测引黄灌溉引起的地下水位变化情况。1957 ~ 1959 年，河南省水利厅水文总站先后在海河流域的合河、汲县水文站，黄河流域的大车集水文站等附近，各设立一眼地下水观测井，用于探索河水与地下水的补排关系。1971 年，河南省水利厅和河南省地矿局共同筹建全省平原区地下水观测井网，每县布设 3 ~ 5 眼，由各县水利局领导，委托气象站、水文站观测，或委托当地人员观测，以便及时掌握平原区地下水动态。1972 年资料开始整编刊印，以后又陆续增加了一些观测井。1975 年起经省水利厅与地矿部门协商，将各县设立的地下水观测井统一由河南省水利厅水文总站管理，统一井网布局、管理以及测报、资料整编刊印和服务，新乡地区则由新乡水文局负责。1979 年水利部水文局制定并颁发了《地下水观测试行规定》，地下水观测和资料整编刊印等工作逐步走向正规。观测项目从单一的埋深、水位发展到水位、水量、水质、水温等项目。

在地下水管理方面，20 世纪 50 年代部分水文站兼测地下水埋深。1963 年太行山前横跨黄河的3条基线观测井，全省统一由河南省水文总站管理，新乡水文局负责新乡地区。70年代初随着机井建设的发展，建立起来的各地下水观测井则分别由各县水利局农水部门管理，由各县水利局根据实际情况在当地老百姓中寻找合适的观测员进行水位和水温观测，经费亦由各县开支，管理由新乡水文局来承担，目前仍维持此种管理形式。每年由新乡水文局召开一次各县水利局参加的地下水工作会议，总结上年成绩、经验、教训和研究存在的问题，部署本年工作，并表彰先进，对平时观测工作定期或不定期检查，以便及时发现问题加以解决。

埋深和水位的观测始于20世纪50年代初期，各地市到省水文局整编，然后由省水文局负责刊印出版。刊印内容包括1954～1971年地下水资料，刊印在《水文年鉴》中，有地下水观测井说明表、地下水位表、地下水化学分析成果表。1972年以后，逐年刊印《河南省地下水资料》，刊布地下水观测井一览表，地下水埋深（逐日、5日）表，1974～1982年曾刊布平原区浅层地下水埋深、变幅图，1976年以后增加刊布地下水温表，1977年以后增加刊布地下水开采量统计表，1981年后增加地下水化学分析成果表，1987年后增加地下水污染成果表。

由于地下水资料整编工作量很大，从1989年起借助于电子计算机整编，以减少工作量，提高工效。各地市水文水资源勘测局将地下水原始数据输入电子计算机，并将软盘携至省局进行审核修改输出，打印出成果图表送厂刊印出版。

1979年新乡地区共有地下水观测井240眼，其中焦作市100眼（含济源县14眼），其中逐日井8眼，五日井92眼；新乡市有地下水观测井140眼，其中逐日井9眼，五日井131眼。另外，还有开采量观测井5眼，水温观测井9眼。

2000年共有地下水观测井173眼，其中焦作市74眼（含济源市9眼），新乡市99眼。

第十节　水质监测站网

河南省新乡市按流域划分属海河流域和黄河流域，参与水功能区划的河流共12条，分别是卫河、峪河、石门河、百泉河、沧河、大狮涝河、西孟姜女河、东孟姜女河、人民胜利渠、共产主义渠、天然文岩渠、金堤河等。

2011年新乡市辖区内共划定一级水功能区14个，其中保护区1个，缓冲区1个，开发利用区12个，功能区河长总计710.7 km。开发利用区包括二级水功能区28个，二级区河长总计620.7 km，其中饮用水源区4个，农业用水区10个，过渡区2个，排污控制区10个，景观娱乐用水区2个，详见第七章表7-1和表7-2。

平原地区地下水监测井共有24眼，详见第七章表7-11。

第四章　水文测验

新乡市建立水文测站进行水文测验工作始于民国初期。当时站数少，测验设备简陋，技术落后，测验工作断断续续。新中国成立后，为适应水利和其他国民经济建设发展的需要，水文工作得到迅速发展。截至 2014 年，全市有水文站 8 处，测验断面 14 处、水位站 4 处、委托雨量站 49 处、遥测雨量站 220 处、水文巡测站 24 处。经过多年的实践、改革、创新，水文测验方法、测验设备等都得到进一步的发展和提高。水位、降雨量自动化数据收集传输，降低了体力劳动，提高了测报质量，为国民经济建设和防汛抗旱、水资源管理提供了宝贵资料。主要测验项目有水位、流量、沙量、降水量、蒸发、水温、冰情、墒情、水量调查等。

第一节　普通测量

水文测站设立、测验断面测量、地形测量、水库库容测量、河道的冲淤变化监测、流量测验及水文调查工作中都需要大量的测量学知识。

角度测量包括水平角和垂直角测量，使用仪器主要为经纬仪。早期的经纬仪是用金属材料制成的，使用游标读数，称为游标经纬仪。之后发展到光学经纬仪和现在使用较多的电子经纬仪。

距离测量是指测量两点间的水平直线长度，如果测量的是斜距，还必须换算为水平距离。测距的主要方法有测尺直接丈量法、电磁波（光电）测距仪法、光学仪器交会法、光学仪器视距法和 GPS 定位法。水文测量中主要使用的有测尺直接丈量法和光学仪器视距法。

高程测量分为水准测量、三角高程测量、GPS 高程测量和气压高程测量。水文测量中主要采用水准测量高程，要求水尺零点高程校核为四等水准测量，水准点校核为三等水准测量。目前使用的仪器主要是自动整平水准仪。

断面测量分为纵断面和横断面测量。河流纵断面是指河流从上游到下游沿中泓线所切取的河床和自由水面线间的剖面，即河底高程沿河长的变化。横断面测量时垂直于河道或水流平均方向，以某一水位水面和湿周为界的剖面称为河道横断面。水文测量中除测量比降等其他特殊要求外一般都是横断面测量。目前使用的仪器主要有自动整平水准仪、全站仪和 GPS，两岸始末断面桩之间总距离的往返测量不符值，不应超过 1/500。大断面岸上部分的高程应采用四等水准测量。地形复杂时，可低于四等水准测量，往、返测量的高差不符值应控制在 $\pm 30\sqrt{L}$ mm（L 为路线长度，单位 km，L 小于 1 km 时，按 1 km 计算）。

第二节　水位观测

20 世纪 70 年代，新乡境内曾在合河、汲县、大车集等水文站设自记水位计，由于引黄，河道淤积严重，引水渠被淤死，全部停用，仍用直立式搪瓷水尺。水尺零点高程的测量采用三等水准测量，每年汛前汛后校测。水位观测以北京标准时间 24 小时计时法，每日早上 8 时为基本观测时间，平水期 20 时(5 ~ 10 月)或 17 时(1 ~ 4 月、11 月、12 月)进行辅助观测。洪水时，根据任务书的要求加测水位，以能控制洪水的变化过程为准。2000 年以后先后在合河、宝泉等水文站和水库安装了自动遥测水位计，2011 年所有下属水文站、水位站、巡测站均安装自动遥测水位计。该水位计采用 GPRS 无线传输，将采集的水情信息实时传到水文信息数据库，有很高的时效性，运行数据可靠、准确，在新乡市的防汛工作中发挥了重要作用。几种常见水位计见图 4-1。

直立式水尺

浮子式水位计

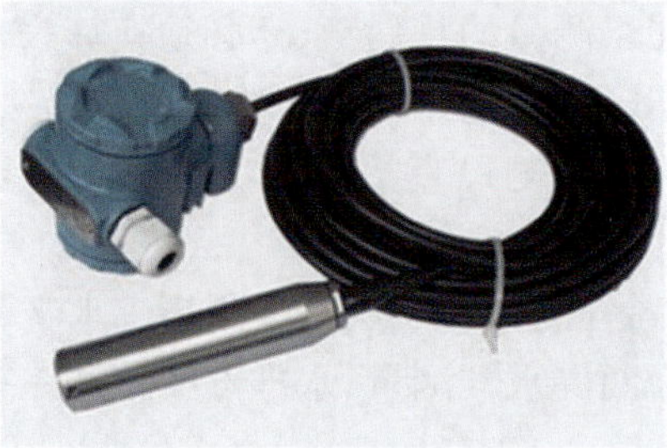

压力式水位计

雷达式水位计

图 4-1　几种常见水位计

第三节　流量测验

新中国成立初期，新乡市合河站均采用浮标测流，每次测量投放 4 ~ 6 个浮标，按估算浮标系数 0.85 计算流量。1960 年，采用流速仪法，在水深不适宜或在洪水暴涨暴落来不及使用流速仪时使用浮标法，或浮标、流速仪结合法。根据不同的水势和测站设备，使用流速仪测流，又分为船测、水文缆道、桥测、涉水等几种方式。按测点布置，分精测法(每条垂线测水面、河底及0.2、0.6、0.8相对水深5个点）、常测法（0.2、0.6、0.8相对水深3个点或0.2、0.8相对水深2个点）和简测法（0.6相对水深1个点）。流速仪分旋桨式和旋杯式两大类，仪器出厂时都进行了系数率定，使用一定次数后需要重新进行系数率定，以确保所测流速的精度。测流次数要根据洪水涨落变化和测站特征确定，基本要求是能反应水位—流量关系，满足推算日平均流量的需要。旋杯式流速仪和电波流速仪分别见图4-2、图4-3。

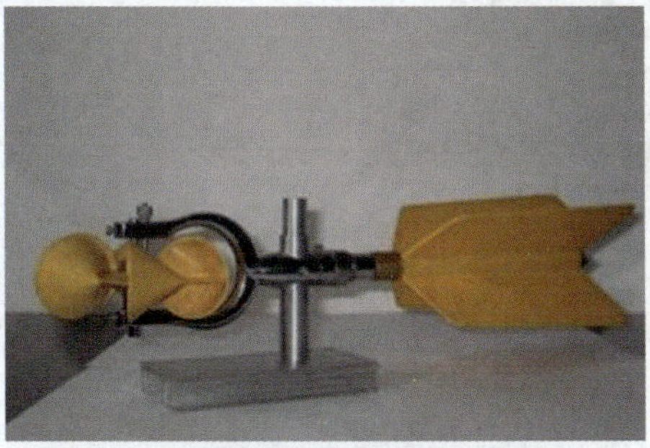

图4-2　旋杯式流速仪

图4-3　电波流速仪

2011年以来随着国家对水文事业投入的加大，下属各水文站陆续配置了ADCP（见图4-4、图4-5）、电波流速仪等先进的测流仪器，提高了工作效率。ADCP利用多普勒效应原理进行流速测量。ADCP因其原理的优越性，突破传统机械转动为基础的传感流速仪，用声波换能器作传感器，换能器发射声脉冲波，声脉冲波通过水体中不均匀分布的泥沙颗粒、浮游生物等反散射体反散射，由换能器接收信号，经测定多普勒频移而测算出流速。ADCP具有能直接测出断面的流速剖面、不扰动流场、测验历时短、测速范围大等特点。

图4-4　走航式ADCP

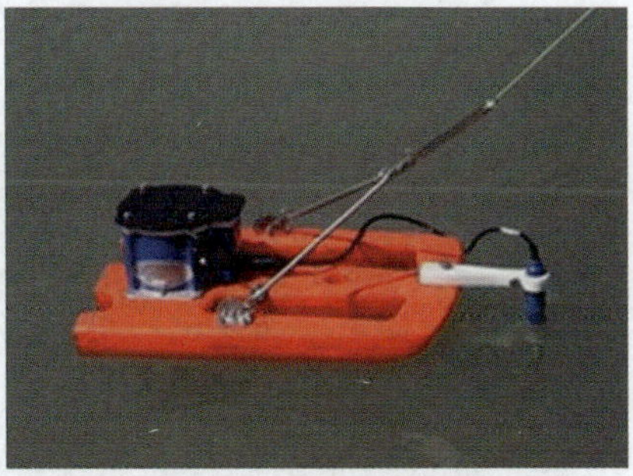

图4-5　便携式ADCP

第四节　泥沙测验

新中国成立初期，新乡一等水文站进行过断面输沙率测验，但只测含沙量。境内的合河（卫）、汲县（二）、饮马口、大车集（二）断面有含沙量测验项目。使用测具为横式采样器（见图4-6），采用中泓一点法，沙样的处理采用过滤－烘干－称重法。用单位含沙量近似代替断面平均含沙量。

图 4-6　横式采样器

第五节　水量、蒸发量观测

新中国成立初期，雨量观测多采用国产的口径为 20.32 cm 的标准雨量筒，用公制量雨杯量至 0.1 mm。1952 年，一、二等水文站开始使用上海仪器厂生产的日记型虹吸式自记雨量计。1955 年，对自记雨量计进行改进，增设储水瓶，使用自记雨量计可以校测，从此雨量器口径统一为 20 cm，其他型号雨量器停止使用，2000 年，河南省水文水资源局开始在各站配发翻斗式固态存储自记雨量计，可以连续存储 1 年的资料，但冬季降雪无法使用。2010 年以后新乡先后建设了多处自动遥测雨量站，雨情信息的采集、传输时效得到了很大提高。降水量观测时间制：1955 年以前，每日上午 9 时为日分界，1956 年以后改为每日上午 8 时为日分界，采用北京时间。自记雨量计见图 4-7，遥测雨量计见图 4-8。

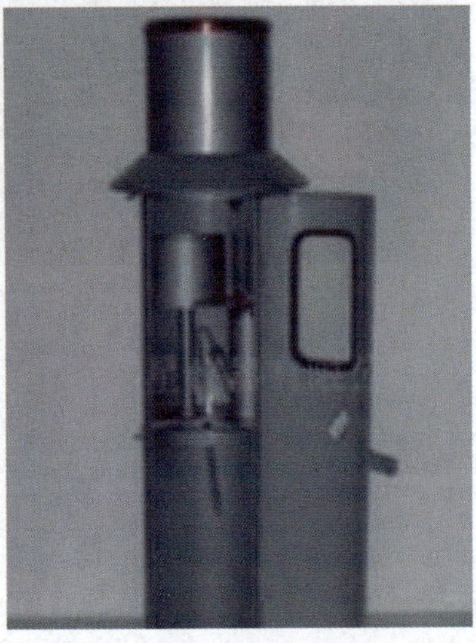

图 4-7　自记雨量计

图 4-8　遥测雨量计

境内现有合河、大车集两处水面蒸发观测站，合河站有辅助气象观测。1988 年，水利部颁发《水面蒸发观测规范》（SD 265—88），规定全国统一使用 E －601 型蒸发皿（见图 4-9），冬季使用 20 cm 蒸发皿（见图 4-10），水面蒸发每日 8 时观测，辅助气象项目于每日 8 时、14 时、20 时观测。用于观测辅助项目的气温百叶箱和风力风向仪分别见图 4-11、图 4-12。

图 4-9　E－601 型蒸发皿

图 4-10　20 cm 蒸发皿

图 4-11　气温百叶箱

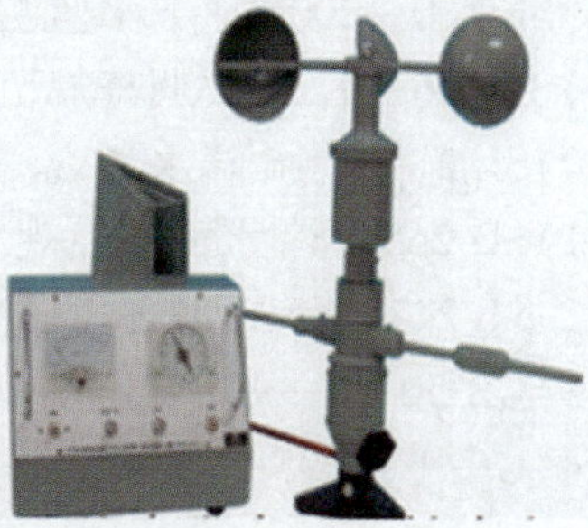

图 4-12　风力风向仪

第六节　涉水工程对水文测验的影响

长期以来，水文测站把采集自然状态下的水文要素变化作为追求的目标。但是，随着经济社会的发展，人类活动越来越剧烈，受涉水工程影响的水文测站越来越多。在新乡市，涉水工程对水文测验的影响主要有几种形式：一是工程设在水文测验断面的上游，改变了天然河道的水量变化规律，造成水文资料失真；二是工程设在水文测验断面的下游，使水文测验断面置于回水区内，无法开展水文测验工作，所收集的水文资料失去代表性；三是工程直接设在水文测验断面上，使水文站失去设站目的，被迫迁移或撤销。例如，大车集水文站位于天然文岩渠左岸新乡市长垣县位庄乡大车集村，该站是黄河流域一级支流天然文岩渠上的控制站。测验断面上下游各有多处提灌站和节制闸，改变了天然文岩渠大车集站的水量变化规律，近年来该站实测的年径流量与多年平均径流量0.76亿 m^3 相差近0.40亿 m^3，不得不花费大量的人力、财力做天然文岩渠水量调查工作。下游10 km和20 km处各有橡胶坝一座，使水文测验断面置于回水区内，给测验工作带来了很大困难，水位流量关系紊乱。橡胶坝阻水严重，加之测验断面宽度大，流量小的时候仪器很难测得流速，无法测得精确的流量。

第七节　技术标准和质量管理

水文测验主要依据如下：

(1)朱晓原，等. 水文测验手册. 1版，中国水利水电出版社，2013.

(2)张留柱，等. 水文测验学. 郑州：黄河水利出版社，2003.

(3)SL 58—93 水文普通测量规范. 北京：中国计划出版社，1994.

(4)GB/T 50138—2010 水位观测标准. 北京：中国计划出版社，2010.

(5)GB 50179—93 河流流量测验规范. 北京：中国水利电力出版社，1993.

(6)SL 337—2006 声学多普勒流量测验规范. 北京：中国水利水电出版社，2006.

(7)SL 443—2009 水文缆道测验规范. 北京：中国水利水电出版社，2009.

(8)SL 360—2006 地下水监测建设技术规范. 北京：中国水利水电出版社，2010.

(9)SL 196—97 水文调查规范. 北京：中国水利水电出版社，1997.

(10)SL 21—2006 降水量观测规范. 北京：中国水利水电出版社，2006.

(11)SD 265—88 水面蒸发观测规范. 北京：水利电力出版社，1988.

(12)SL 247—2012 水文资料整编规范. 北京：中国水利水电出版社，2012.

(13)GB 50159—92 河流悬移质泥沙测验规范. 北京：水利电力出版社，1992.

(14)GB/T 50095—98 水文基本术语和符号标准. 北京：中国计划出版社，1994.

第八节　水文站情况简介

一、合河水文站

合河水文站管理两处水文站断面，分别是合河(卫)和合河(共)。

合河(卫)位于卫河左岸合河乡后贾村。该站是海河一级支流卫河上的控制站。合河(共)位于共产主义渠右岸新乡县合河乡潘屯村。

合河站流域面积4 061 km^2，属国家级重要水文站。流域多年平均降雨量620 mm，多年平均径流量5.61亿 m^3。

合河水文站观测项目有降水、水位、流量、泥沙、蒸发、水文调查、初终霜、水温、墒情、气象等。合河(共)现有基本水尺断面和流速仪测流断面；合河(卫)有基本水尺断面和流速仪测流断面；合河(共)主要测验设施有缆道1座、测船1艘、自记井1座；主要测验方式为合河(共)低水时采用涉水，中水时采用缆道，高水时采用测船和ADCP，特大洪水时采用测船、大浮标和ADCP。合河(卫)低水时涉水或小浮标、中高水时采用桥测。

大断面及水位流量关系曲线见图4-13、图4-14。

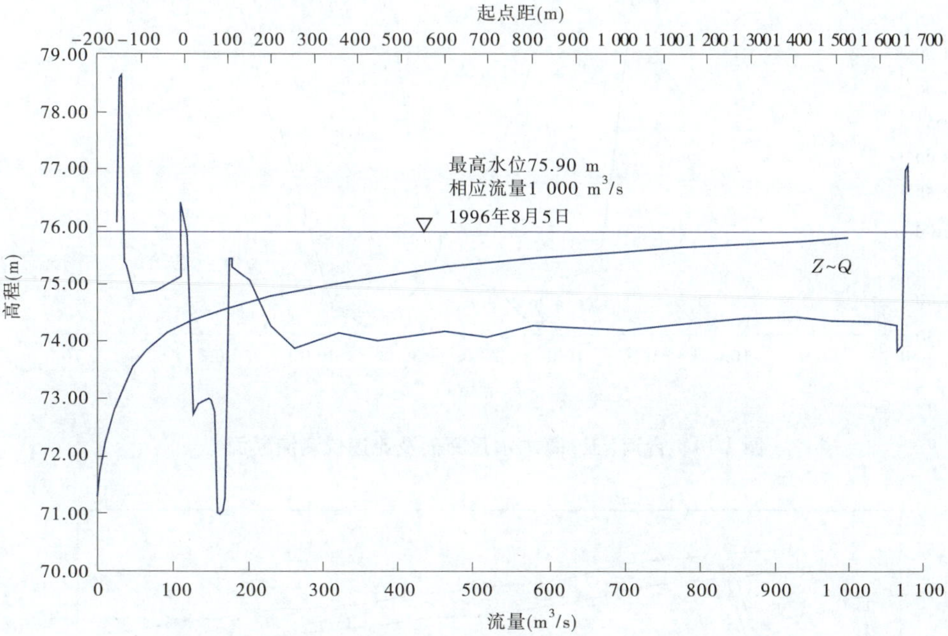

图4-13　合河(共)水位流量关系曲线及大断面

水文站平面布设见图4-15、图4-16。

合河(共)测流方案见表4-1。

表4-1　合河(共)测流方案

水情级别	大洪水	高水	中水	低水
水位级(m)	≥75.90	74.50~75.90	72.50~74.50	<72.50
测流方法	大浮标、测船、ADCP	缆道、测船、ADCP	缆道	缆道、涉水

合河(卫)测流方案见表4-2。

表4-2　合河(卫)测流方案

水情级别	高水	中水	低水	枯水
水位级(m)	≥74.00	72.00~74.00	<72.00	
测流方法	桥测	桥测	涉水、小浮标	

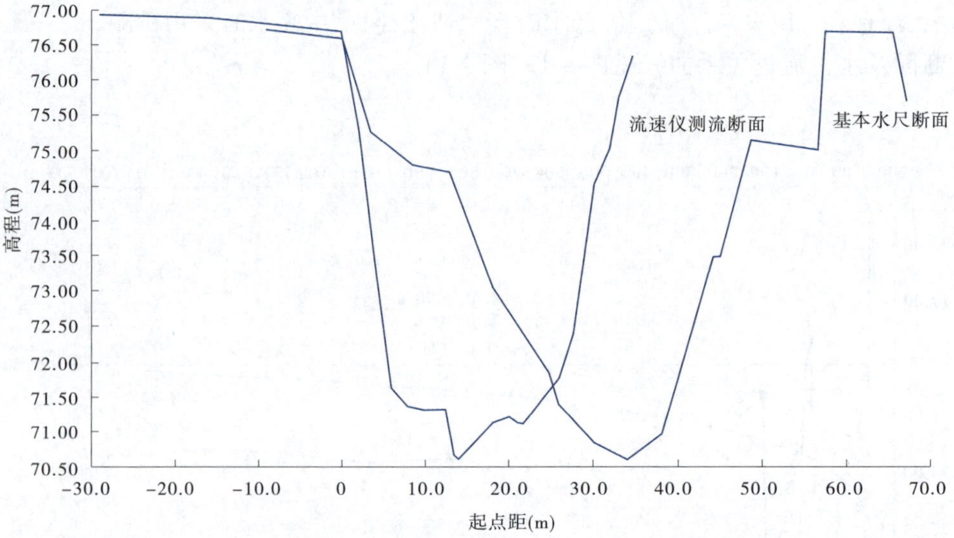

图 4-14　合河(卫)基本水尺断面及流速仪测流断面

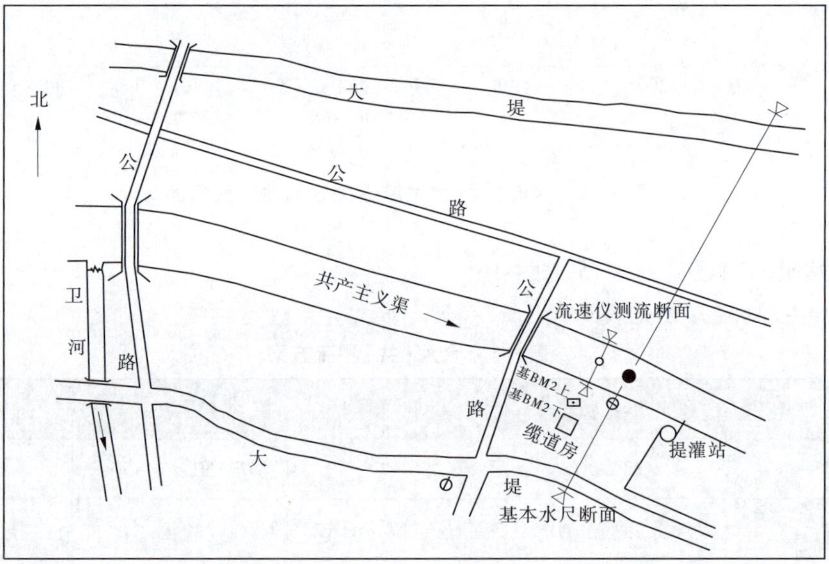

图 4-15　合河(共)站测验河段

属站信息见表 4-3。

表 4-3　属站信息

序号	站名	站类	测验要素	属性
1	获嘉	雨量站	雨量	全年

合河(共)测验断面见图 4-17。合河水文站改造前后分别见图 4-18、图 4-19。

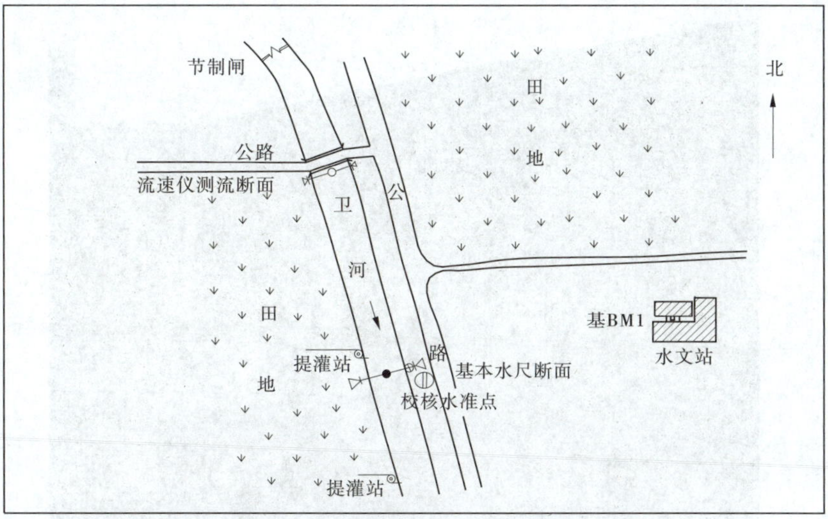

图 4-16　合河(卫)站测验河段

图 4-17　合河(共)测验断面

二、卫辉水文站简介

卫辉水文站管理两处水文站断面,分别是汲县(二)和黄土岗(二)。

汲县(二)断面位于卫河左岸卫辉市城郊乡下园村,是海河一级支流卫河上的控制站。黄土岗(二)位于共产主义渠右岸卫辉市城郊乡下园村,该站是共产主义渠上的控制站。

黄土岗(二)断面控制流域面积5 050 km^2,属国家级重要水文站。流域多年平均降雨量620 mm,汲县(二)多年平均径流量1.05亿 m^3,黄土岗(二)多年平均径流量4.22亿 m^3。

图 4-18　合河水文站改造前站房

图 4-19　合河水文站改造后新貌

卫辉水文站观测项目有降水、水位、流量、泥沙、水文调查、水温、墒情等。黄土岗(二)现有基本水尺断面和流速仪测流断面,汲县(二)有基本水尺断面和流速仪测流断面,黄土岗(二)主要测验设施有测船 1 艘、自记井 1 座。主要测验方式为:黄土岗(二)低水、中低水时采用桥测,高水时采用桥测、测船和 ADCP,特大洪水时采用测船、大浮标和 ADCP。汲县(二)枯水时涉水或用小浮标测,低水、中水、高水时采用桥测。

大断面及水位—流量关系曲线见图 4-20、图 4-21。

水文站平面布设见图 4-22。

测流方案见表 4-4、表 4-5。

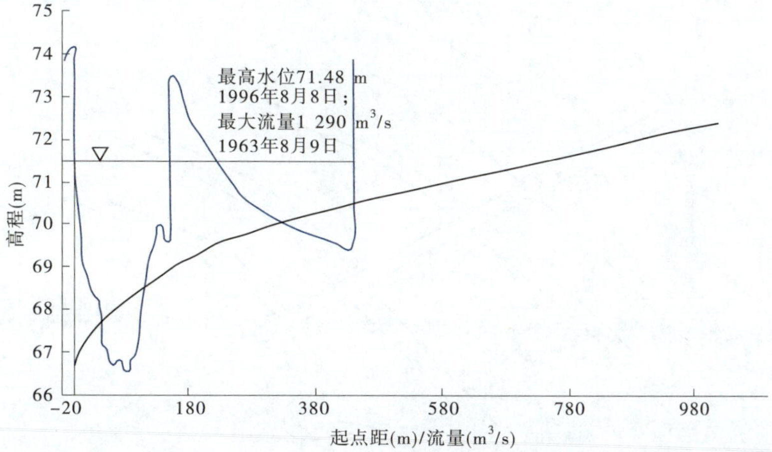

图 4-20　黄土岗(二)大断面和水位流量关系线

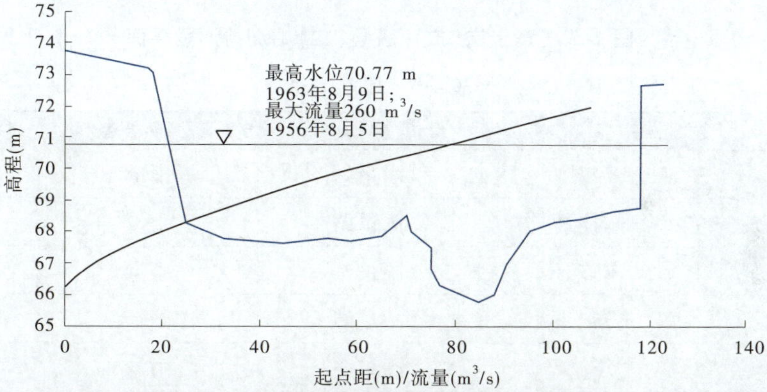

图 4-21　汲县(二)大断面和水位流量关系线

表 4-4　黄土岗(二)

水情级别	高水	中水	低水	枯水
水位级(m)	≥69.90	69.90～68.50	68.50～66.80	<66.80
测流方法	桥测、测船、ADCP	桥测	桥测	涉水、小浮标

表 4-5　汲县(二)

水情级别	高水	中水	低水	枯水
水位级(m)	≥69.00	68.00～69.00	66.50～68.00	<66.50
测流方法	桥测	桥测	桥测	涉水、小浮标

属站信息见表 4-6。

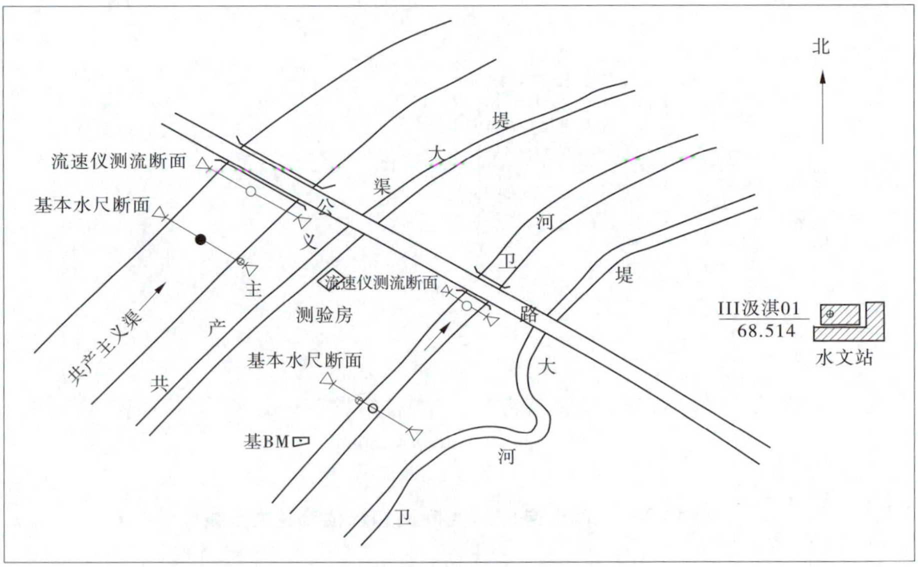

图 4-22 黄土岗(二)、汲县(二)站测验河段平面

表 4-6 属站信息

序号	站名	站类	测验要素	属性
1	汲县	雨量站	雨量	全年
2	东拴马	雨量站	雨量	全年
3	东陈召	雨量站	雨量	全年
4	石包头	雨量站	雨量	全年
5	塔岗	雨量站	雨量	全年
6	东屯	雨量站	雨量	汛期站

黄土岗(二)测验断面见图 4-23。

图 4-23 黄土岗(二)测验断面

卫辉水文站测验房见图 4-24,改造前后站房见图 4-25、图 4-26。

图 4-24　卫辉水文站测验房

图 4-25　卫辉水文站改造前站房

三、宝泉水库水文站简介

宝泉水库水文站位于峪河左岸辉县市薄壁镇宝泉水库。该站是共产主义渠峪河上宝泉水库的出库站,流域面积 538.4 km^2,属省级水文站。流域多年平均降雨量 714 mm,多年平均年径流量 1.011 亿 m^3。

宝泉水库水文站观测项目有水位、流量、水温、降水量、初终霜、水质、墒情、水量调查。现有宝泉水库(干渠)、宝泉水库(上干渠)、宝泉水库(坝上)、宝泉水库(溢洪道)共四个断面;主要测验设施有测深杆和流速仪。

水位库容曲线和水位泄量关系曲线见图 4-27、图 4-28。

图 4-26　卫辉水文站改造后新貌

水文站平面布设见图 4-27。

测流方案见表 4-7。

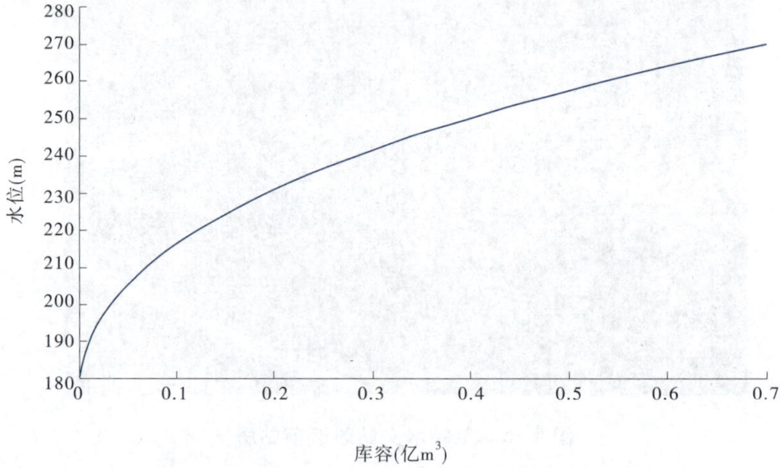

图 4-27　宝泉水库水文站水位库容关系曲线

表 4-7　宝泉水库站测流方案

泄水建筑物	溢洪道	非常溢洪道	泄洪洞	电站	输水洞
测流方式	水利公式	溢流曲线	流速仪	流速仪	流速仪

各属站信息见表 4-8。

宝泉水库站降雨径流关系见图 4-30。

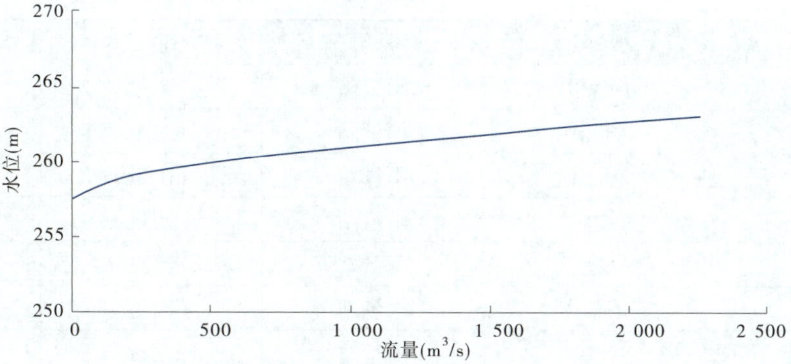

注：宝泉水库实测最高水位 258.29 m、最大蓄水量 5 103.9 万 m^3、
最大泄流量 95.7 m^3/s，出现于 2012 年 8 月 1 日。

图 4-28 宝泉水库水文站水位泄量关系曲线

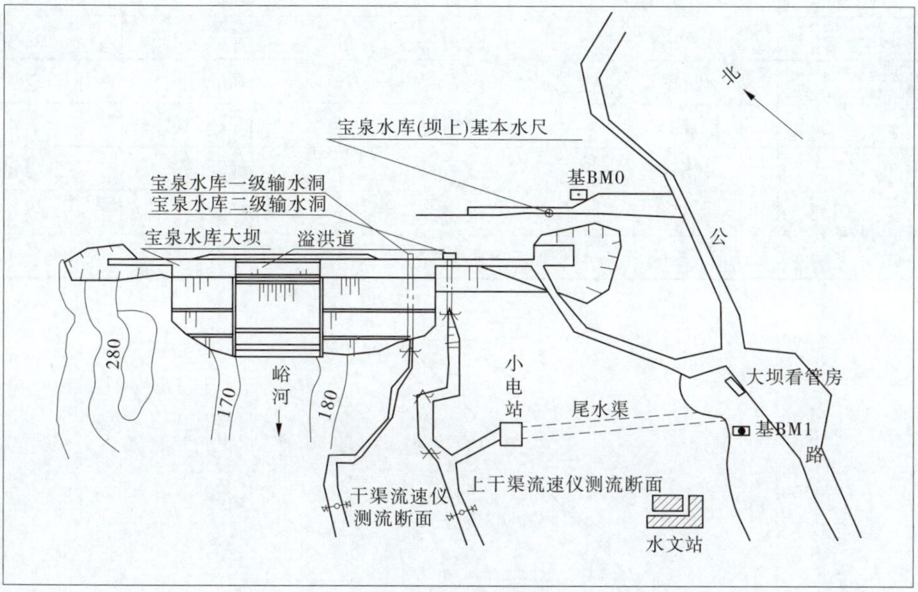

图 4-29 宝泉水库站测验河段平面图

表 4-8 各属站信息

序号	站名	站类	测验要素	属性
1	古郊	雨量站	雨量	全年
2	西石门	雨量站	雨量	全年
3	琵琶河	雨量站	雨量	全年
4	凤凰	雨量站	雨量	全年
5	平甸	雨量站	雨量	全年

续表 4-8

序号	站名	站类	测验要素	属性
6	西寨山	雨量站	雨量	全年
7	宝泉	雨量站	雨量	全年
8	官山	雨量站	雨量	全年
9	吴村	雨量站	雨量	汛期
10	高庄	雨量站	雨量	汛期
11	茅草庄	雨量站	雨量	汛期
12	鹅屋	雨量站	雨量	汛期
13	后庄	雨量站	雨量	汛期
14	白草岗	雨量站	雨量	全年
15	五里窑	雨量站	雨量	全年
16	石门水库	水位站	水位	全年
17	黄水口	雨量站	雨量	全年
18	四里厂	雨量站	雨量	全年
19	辉县	雨量站	雨量	全年
20	南寨	雨量站	雨量	全年
21	要街	雨量站	雨量	全年
22	石门	雨量站	雨量	全年

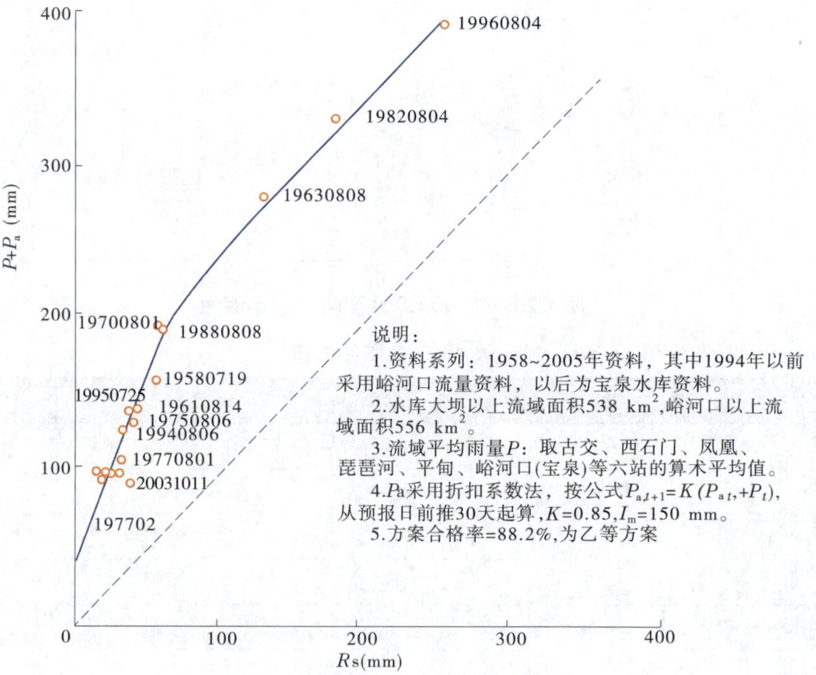

图 4-30　宝泉水库站降雨径流关系

宝泉水库站单位线见图 4-31。

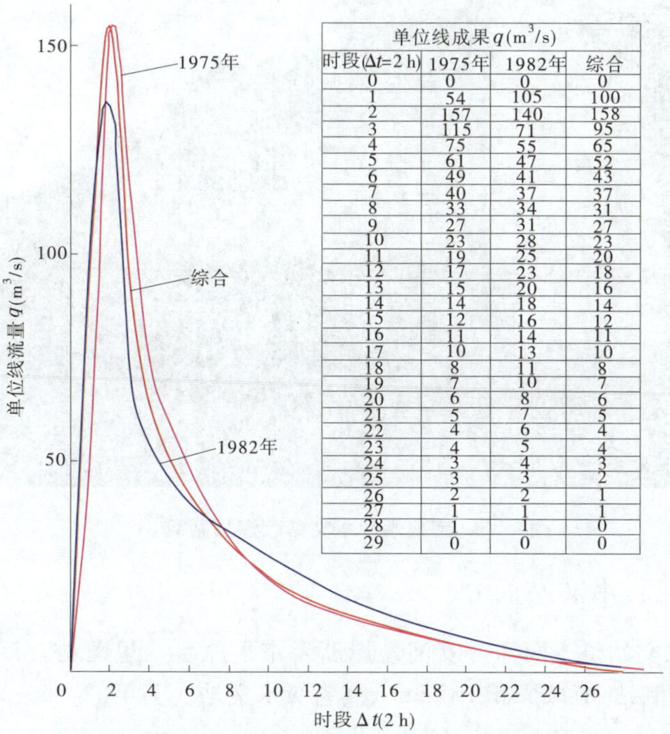

单位线成果 $q(m^3/s)$			
时段(Δt=2 h)	1975年	1982年	综合
0	0	0	0
1	54	105	100
2	157	140	158
3	115	71	95
4	75	55	65
5	61	47	52
6	49	41	43
7	40	37	37
8	33	34	31
9	27	31	27
10	23	28	23
11	19	25	20
12	17	23	18
13	15	20	16
14	14	18	14
15	12	16	12
16	11	14	11
17	10	13	10
18	8	11	8
19	7	10	7
20	6	8	6
21	5	7	5
22	4	6	4
23	4	5	4
24	3	4	3
25	3	3	2
26	2	2	1
27	1	1	1
28	1	1	0
29	0	0	0

图 4-31　宝泉水库站单位线

宝泉水库水文站改造前后站房见图 4-32、图 4-33。

图 4-32　宝泉水库水文站改造前站房

图 4-33　宝泉水库水文站改造后新貌

四、八里营(二)水文站简介

八里营(二)水文站位于西孟姜女河左岸新乡市平原乡八里营村。该站是卫河支流西孟姜女河上的控制站,流域面积 167 km^2,属省级水文站。多年(2005~2012 年)平均径流量 0.114 3 亿 m^3。

八里营(二)水文站观测项目有降水、水位、流量、墒情、水量。现有基本水尺断面、流速仪测流断面,主要测验设施有桥测 1 座、自记井 1 座;主要测验方式为低水时采用涉水测杆和小浮标,中、高水时采用流速仪。

大断面见图 4-34,平面布设见图 4-35。

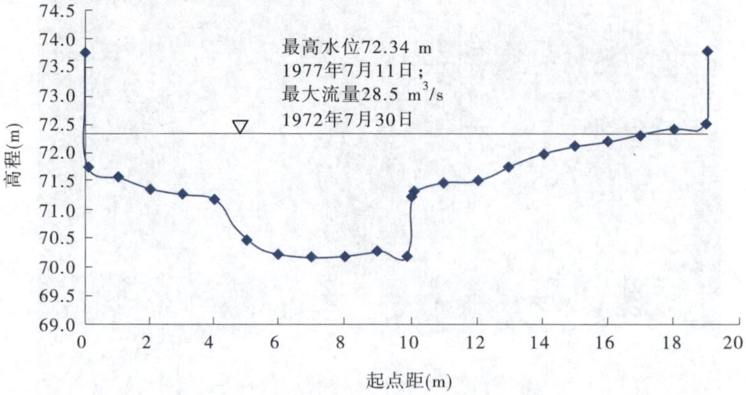

图 4-34　八里营(二)水文站大断面

测流方案见表 4-9。

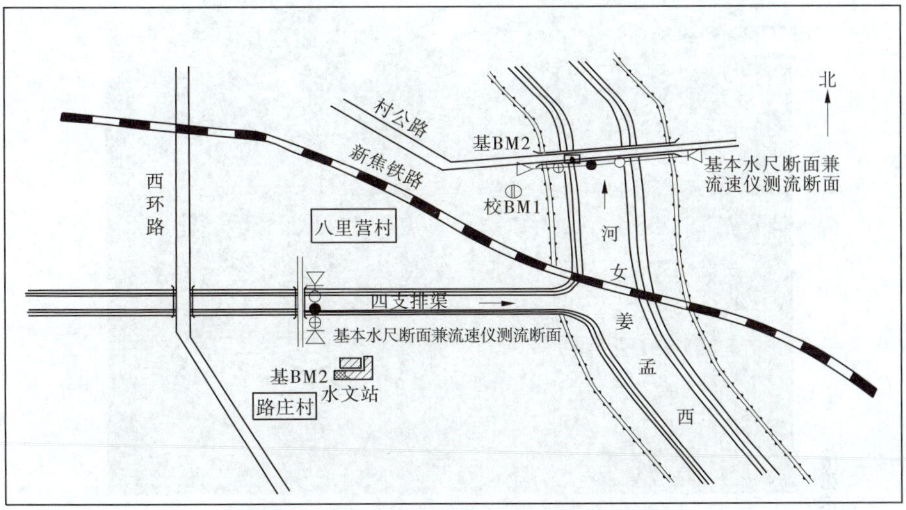

图 4-35 八里营(二)站测验河段平面图

表 4-9 八里营(二)站测流方案

水情级别	高水	中水	低水
水位级(m)	>71.90	>70.50	<70.50
测流方法	流速仪	流速仪	涉水测杆、小浮标

属站信息见表 4-10。

表 4-10 属站信息

序号	站名	站类	测验要素	属性
1	八里营	雨量站	雨量	全年
2	辛丰	雨量站	雨量、墒情	汛期
3	张唐马	雨量站	雨量、墒情	汛期
4	忠义	雨量站	雨量	全年
5	小冀	雨量站	雨量	全年
6	原武	雨量站	雨量	全年
7	郎公庙	雨量站	雨量	全年
8	师寨	雨量站	雨量	汛期
9	康庄	雨量站	雨量	汛期

八里营(二)水文站改造前后站房见图 4-36、图 4-37。

图 4-36　八里营(二)水文站改造前站房

图 4-37　八里营(二)水文站改造后新貌

五、饮马口水文站简介

饮马口水文站位于人民胜利渠右岸新乡市平原乡饮马口村。该站是人工河道人民胜利渠上的控制站,属省级水文站。多年(2005 ~ 2012 年值)平均径流量 0.141 4 亿 m^3。

饮马口水文站观测项目有水位、流量、含沙量。现有基本水尺断面、流速仪测流断面,主要测验设施有雷达式水位计。主要测验方式为低水时采用涉水、桥测,中水时采用桥测或槽蓄推流。

饮马口水文站大断面及饮马口水文站水位蓄水量槽蓄关系曲线见图 4-38、图 4-39。

水文站平面布设见图 4-40。

测流方案见表 4-11。

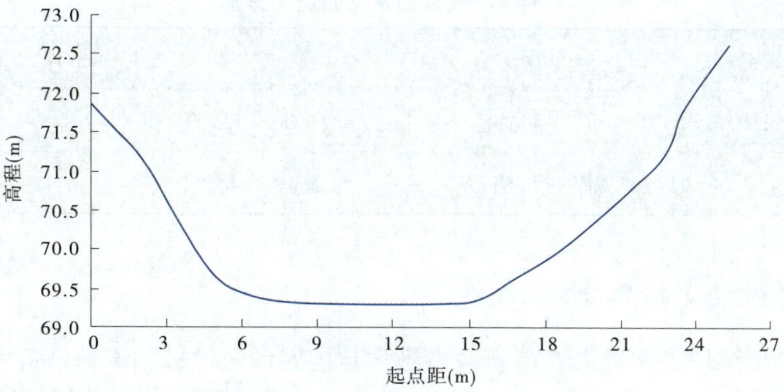

图 4-38　饮马口水文站大断面

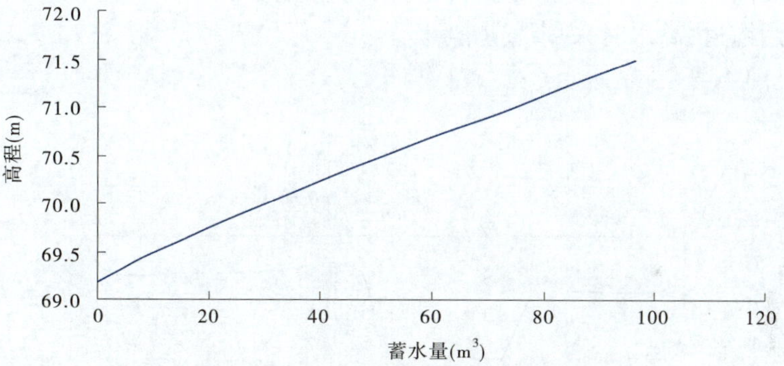

图 4-39　饮马口水文站水位蓄水量槽蓄关系曲线

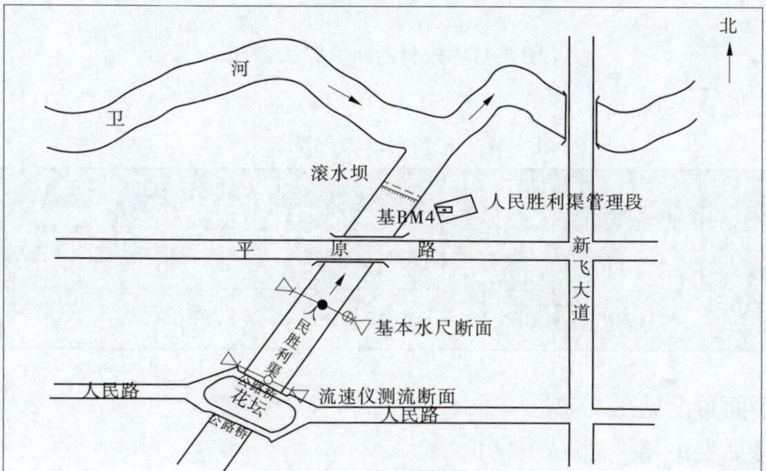

图 4-40　饮马口站测验河段平面

表 4-11 饮马口水文站测流方案

水情级别	高水	中水	低水
水位级(m)	72.00 以上	71.00 ~ 72.00	71.00 以下
测流方法	流速仪、槽蓄	流速仪、槽蓄	流速仪

六、朱付村水文站简介

朱付村水文站位于文岩渠右岸新乡市延津县僧固乡朱付村。该站是黄河流域二级支流文岩渠上的控制站，流域面积 849 km^2，属省级重要水文站，多年平均径流量 0.348 2 亿 m^3。

朱付村水文站观测项目有降水、水位、流量、墒情、水量。现有基本水尺断面、流速仪测流断面；主要测验设施有缆道 1 座、自记井 1 座；主要测验方式为低水时采用缆道、测杆，中水时采用缆道，高水时采用缆道、浮标。

大断面见图 4-41。

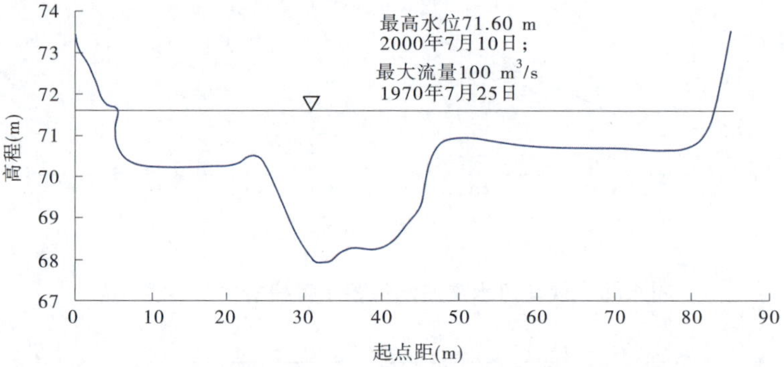

图 4-41 朱付村水文站大断面

测流方案见表 4-12。

表 4-12 朱付村水文站测流方案

水情级别	高水	中水	低水	枯水
水位级(m)	>69.67	68.67 ~ 69.67	68.67	<68.67
测流方法	缆道、浮标	缆道	缆道、测杆	涉水

水文站平面布设见图 4-42。

属站信息见表 4-13。

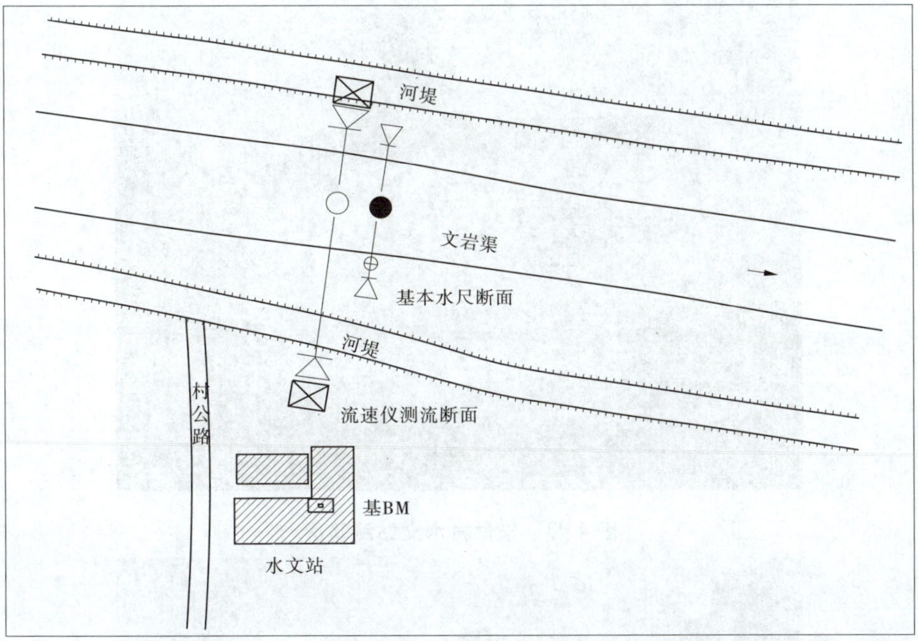

图 4-42　朱付村站布置图

表 4-13　属站信息

序号	站名	站类	测验要素	属性
1	原阳	雨量站	雨量	全年
2	封丘	雨量站	雨量	全年
3	大宾	雨量站	雨量	全年
4	胙城	雨量站	雨量	汛期
5	黄陵	雨量站	雨量	汛期
6	李辛庄	雨量站	雨量	汛期
7	西别河	雨量站	雨量	汛期
8	朱付村	雨量站	雨量	全年

朱付村水文站测验房见图 4-43。

朱付村水文站改造前后站房见图 4-44、图 4-45。

七、大车集(二)水文站简介

大车集(二)水文站位于天然文岩渠左岸新乡市长垣县位庄乡大车集村。该站是黄

图 4-43　朱付村水文站测验房

图 4-44　朱付村水文站改造前站房

河流域一级支流天然文岩渠上的控制站，流域面积 2 283 km^2，属省级重要水文站，多年平均径流量 0.76 亿 m^3。

大车集(二)水文站观测项目有降水、水位、流量、泥沙、蒸发、水温、墒情、水量调查。现有流速仪测流断面、基本水尺断面，主要测验设施有桥测车、ADCP、电波流速仪，水位自记井 1 座；主要测验方式为高水、中水、低水均采用桥测。

大车集(二)水文站测流仪测流断面见图 4-46，平面布设见图 4-47，测流方案见表 4-14。

图 4-45　朱付村水文站改造后新貌

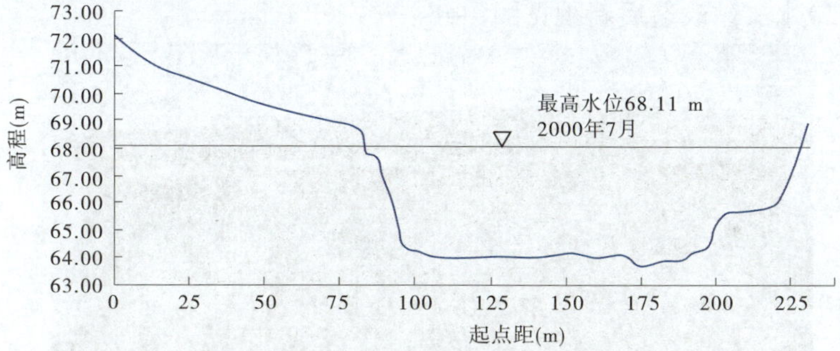

图 4-46　大车集(二)水文站大断面

表 4-14　大车集(二)水文站测流方案

水情级别	高水	中水	低水	枯水
水位级(m)	67.50 以上	66.80～67.50	66.00～66.80	66.00 以下
测流方法	桥测	桥测	桥测	桥测

属站信息见表 4-15。

表 4-15　属站信息

序号	站名	站类	测验要素	属性
1	大车集	雨量站	雨量	全年
2	罗庄	雨量站	雨量	全年
3	聂店	雨量站	雨量	全年

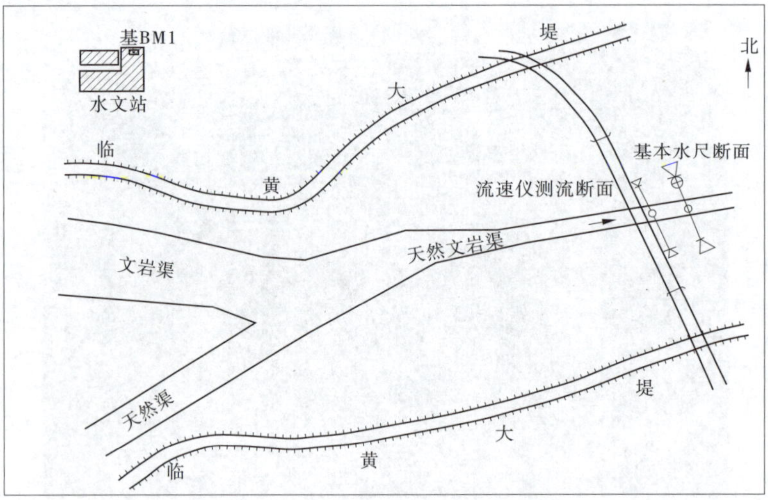

图 4-47　大车集(二)站平面布置图

大车集(二)水文站改造后新貌见图 4-48。

图 4-48　大车集(二)水文站改造后新貌

第五章　水文情报与预报

第一节　水文情报

水文情报预报是防汛抗旱工作的重要组成部分，是及时掌握雨情水情信息，随时分析水情发展趋势，预测未来洪水变化的应用科学。早在公元前16世纪的商代，就有了原始水文情报预报的萌芽。1949年前由于不重视水利事业，对水文工作更是漠不关心，只有寥寥可数的几个水文站及少数雨量站，以后由于抗日战争和解放战争，水文观测先后停测，故谈不上水情工作。新中国成立以后，为了配合大规模开展的水利建设事业，从1950年起，平原省设立防汛办公室，水情测报工作逐步开展。1954年社会主义经济建设开始后，控制主要河流的水文站网建设迅速展开，根据防汛工作和水利建设的实际需要，逐步形成了能够采集全省暴雨洪水信息的报汛站网，扩大测报内容和改善测报手段。20世纪50年代后期起，新乡市成立了水情组，负责本地的水情工作。1977年以后，已基本上形成了一个密度较大、项目齐全、趋于稳定的测报站网。截至2014年，全市共设各类报汛站242处。50年来新乡市先后出现了多个大水年份，在卫河、天然文岩渠河道沿岸的抗洪抢险中，在宝泉、石门等7座中型水库的防洪调度以及滞洪区的历次运用中，水文情报预报发挥了重要作用。

报汛手段，新中国成立初期主要依靠邮电部门的通信系统传递水情，到20世纪70年代中期开始筹建水利系统的无线通信网和遥测传输信息，水情传递明显改进。水情资料的处理，从50年代初至80年代初主要依靠手工操作，到80年代中期以后，随着电子计算机和复印技术的广泛应用，水情资料处理技术得到快速发展。用微机进行水情电报的接收、译电、处理、输出打印简报图表等，从而结束了水情工作手工操作的落后局面。联机洪水预报的新技术应用使水文情报预报工作取得了突破性的进展。

60多年来，新乡水情工作事实上已成为各级政府指挥防汛抗旱必不可少的根据和参谋，经济效益和社会效益显著，新乡水文局的情报预报工作曾多次受到各级政府的表彰和鼓励，为新乡水文事业和新乡市的防洪减灾做出了巨大贡献。

一、水情站网

水情站网的布设在水情预报中起着重要的作用，是水情工作的基础，是为满足防洪预报和水情服务的需要，控制和掌握水文情势变化而科学、经济合理地布设水情站点所形成的网络系统。

水情站网布设以最经济合理，能够达到采集各主要山川河流的暴雨洪水信息，满足水文情报预报为防汛调度服务的目的为原则。布设时考虑的因素有：①在山区布设较密的雨量站，以控制山洪暴雨，并满足水库调度需要；平原雨量站较稀，要有面上的代表性。

②在大型水库、重要防汛河段的城镇及大型蓄滞洪工程设立水文站。③在临时分洪口、滞洪区陂心与需要加强防守的重要河段,设立水位站。

新乡市黄河、海河两大流域的报汛站都是按照上述原则并考虑通信、交通条件而设立的,即在西北太行山区等布设了较密的雨量网点,设立宝泉、塔岗等7座中型水库报汛站;在大中型河道的山丘交界地带设立合河、黄土岗等防洪预报前哨站,以测报山洪出险情况。进入平原后的防汛重要河段城镇,设有固定的国家水文站为防汛报汛服务,如朱付村、大车集等。随着水利建设的发展,2000年至今,陆续设立了220处遥测雨量报汛站和24处水文巡测报汛站,形成了能测报大面积暴雨洪水的报汛网络系统,基本上控制了全市雨情、水情,满足全省防汛需求。2014年新乡水情、雨情、墒情报汛站统计见表5-1~表5-3。

表5-1　2014年新乡水情报汛站统计

站名	站号	报汛任务	起讫时间(月-日)
合河(共)	31006200	水位、流量	01-01~12-31
黄土岗	31006302	水位、流量	06-01~10-01
汲县	31003600	水位、流量	01-01~12-31
朱付村	41402500	水位、流量	06-01~10-01
大车集	41402400	水位、流量	01-01~12-31
宝泉	31005110	水位、流量、蓄水量	01-01~12-31
石门	31005200	水位、流量、蓄水量	01-01~12-31
三郊口	31005800	水位、流量、蓄水量	01-01~12-31
陈家院	31005550	水位、流量、蓄水量	01-01~12-31
塔岗	31005500	水位、流量、蓄水量	01-01~12-31
石包头	31005480	水位、流量、蓄水量	01-01~12-31
正面	31005485	水位、流量、蓄水量	01-01~12-31

表5-2　2014年雨情报汛站统计

站名	站号	报汛任务	起讫时间(月-日)
合河(共)	31006200	降水量	11-02~04-01
汲县	31003600	降水量	11-02~04-01
朱付村	41402500	降水量	11-02~04-01
大车集	41402400	降水量	11-02~04-01
宝泉	31005110	降水量	11-02~04-01
原阳	41426050	降水量	11-02~04-01
封丘	41425900	降水量	11-02~04-01

第二节　水文预报

新乡的水文预报工作从无到有，预报水平逐步提高。现拥有2套预报方案，作业预报可互作参考。其中，宝泉水文站和合河站主要采用降雨径流相关法，根据上游各雨量站降雨情况推出合河站洪峰流量、最高洪水位和峰现时间。卫辉站主要采用流量演算方法，根据上游合河站的洪峰水位和洪峰流量推求该站的洪峰水位、洪峰流量和峰现时间。水文预报和退水预报精确度达90%～95%。

第三节　水文情报预报纪实

洪水预报是防汛斗争争取主动，及时采取措施，减免洪水灾害的重要手段。60年来，新乡遭遇过多次特大暴雨洪水，由于及时准确的洪水预报，在防洪减灾中取得了巨大的经济效益和社会效益，如：

1996年卫河发生了暴雨洪水，8月3～4日受8号台风影响，新乡市北部山区降了特大暴雨，造成辉县峪河口水文站上游古郊、西石门、凤凰、琵琶河、平甸、西寨山等雨量站的降雨量均在200 mm以上，降雨量最大的西寨山站2小时降雨量109.3 mm、12小时降雨量434.4 mm、日降雨达到466 mm，累计3日降雨量537.2 mm，此次降雨使峪河水位暴涨，8月4日2时最大流量1 500 m^3/s。降雨发生后，新乡水文局及时作出峪河洪水预报，预测最大流量1 463 m^3/s。预报结果见表5-5。

表5-5　预报结果

实测洪峰				预报洪峰				洪峰流量		合格否	峰现时间		合格否
月	日	时	$Q_{m实}$ (m^3/s)	月	日	时	$Q_{m预}$ (m^3/s)	许可误差 (m^3/s)	预报误差 (m^3/s)		许可误差 (h)	预报误差 (h)	
8	4	2	1 500	8	4	10	1 463	300	－37	√	3	－8	×
洪峰流量合格率为100%，峰现时间合格率为60%，为乙等方案													

第六章　水资源分析与评价

第一节　评价内容和方法

水资源评价是对某一地区或流域水资源的数量、质量、时空分布特征、开发利用条件、开发利用现状和供需发展趋势作出的分析评价。它是合理开发利用和保护管理水资源的基础工作，为水利规划提供依据。

一、评价内容

通过对新乡市三级水资源分区及行政分区应用新资料、新技术和新方法，全面系统地对新乡市水资源进行数量和质量评价，提出符合现状实际条件的水资源可利用量。通过现状供水、用水调查评价及开发利用程度分析，全面掌握供水水源和经济社会用水的组成情况，评价各行政分区及流域分区的开发利用程度及存在的问题，为新乡市水资源总体规划和管理奠定基础。

评价以《水资源评价导则》《全国水资源综合规划技术大纲》以及《全国水资源综合规划技术细则》《河南省水资源评价》等为依据，根据以往水资源评价工作的经验，收集有关气象、水文、水文地质、社会经济和水资源开发利用等方面的资料，在此基础上：

(1)根据近年来新乡市水资源情势出现的新情况、新变化，利用新资料，应用新技术和新方法，全面评价新乡市的水资源数量、质量、可利用量、时空分布特点及其演变趋势。

(2)通过现状供水和用水调查统计，全面掌握供水水源和经济社会用水的组成情况及变化过程，评价各行政、流域分区和重点区域水资源开发利用程度及存在的问题，分析单项用水指标和综合用水指标，为新乡市需水量预测和水资源开发利用规划方案的选择提供依据。

(3)在水资源数量、质量、可利用量评价、现状用水和用水程度分析的基础上，结合新乡市的实际情况，提出实现水资源可持续开发利用的保障措施。

二、技术路线

充分收集、分析、利用已有成果和资料，严格进行合理性、一致性论证和系列代表性分析。

充分利用已有的资料，广泛调查、收集和整理新的资料，并对资料的合理性、可靠性和一致性进行严格论证。对本次工作中展延的1956～2011年的降水量、年径流量系列、降水入渗系列等进行代表性分析。全面收集、调查、整理自然地理、水文气象、社会经济及水资源开发利用等方面的资料，必要时对其中的某些数据做典型分析，合理取值。

收集、整理新增测站、实验站的资料及水资源方面的研究成果，以便开展现状条件下水资源量的变化、地下水评价参数的修正及水量、水质结合的评价方法等专题研究，合理解决现状水资源全面评价的方法和技术问题。利用新资料、应用新技术和新方法，全面评价新乡市地表水、地下水水资源的数量、质量、可利用量时空分布特点及其演变趋势以及开发利用现状。

三、评价范围

本次评价范围为新乡市全市，包括新乡市区及其所辖的 2 市 6 县：新乡市区（将卫滨区、红旗区、牧野区、凤泉区合称市区）、卫辉市、辉县市、新乡县、获嘉县、原阳县、延津县、封丘县和长垣县。

新乡市现公布的土地总面积为 8 169 km^2。1995 年民政部门土地调查的面积为 8 249 km^2，第二次全国水资源调查评价时，认为 1995 年的面积更接近实际面积，采用的面积是 8 249 km^2。为了计算方便和反映实际情况，本次水资源评价的计算面积采用 8 249 km^2。

四、评价分区

本次水资源评价按县级行政分区和水资源三级分区分类。行政分区把市区的红旗区、牧野区、凤泉区、卫滨区合称为市区（1 区）及所辖的 2 市 6 县。

水资源分区是水资源评价的重要基础。新乡市水资源综合规划中水资源评价分区划分的依据是《全国水资源分区》（修订稿）（水利部水利水电规划设计总院，2003 年 5 月）。

一级区：按照保持流域水系完整的原则，全国划分 10 个水资源一级区。新乡市的黄河与海河流域片都是其中之一。

二级区：在一级分区的基础上，按照基本保持河流水系完整的原则划分。新乡市二级区是黄河流域的小浪底—花园口、花园口以下与海河流域的海河南系三个二级区。

三级区：在二级分区的基础上，按流域分区与行政区划相结合的原则划分。新乡市有五个三级区，黄河流域的小浪底—花园口干流区间、金堤河天然文岩渠区与花园口以下干流区间，海河流域的漳卫河山区、漳卫河平原区。

各级水资源分区的名称、面积及其相互之间从属关系见表 6-1。水资源分区见附图 1。

新乡市主要以县（市）为单位共分为 9 个行政区，并按 5 个流域分区套行政区分为 22 个计算区，以利于水资源评价计算，各水资源分区面积统计详见表 6-2。

表 6-1　新乡市流域分区面积统计

流域分区			面积（km^2）
一级分区	二级分区	三级分区	
海河流域片	海河南系	漳卫河山区	1 560
		漳卫河平原区	2 158
	流域合计		3 718
黄河流域片	小浪底—花园口	小浪底—花园口干流区	53
	花园口以下	金堤河天然文岩渠区	3 801
		花园口以下干流区	677
	流域合计		4 531
新乡市			8 249

表 6-2　新乡市行政分区面积统计　（单位：km^2）

行政分区	计算面积	海河流域			黄河流域			
		漳卫河山区	漳卫河平原区	合计	金堤河天然文岩渠区	小浪底—花园口干流区	花园口以下干流区	合计
市　区	430	19	390	409	21	0	0	21
新乡县	356	0	301	301	55	0	0	55
卫辉市	865	370	459	829	36	0	0	36
辉县市	1 682	1 171	511	1 682	0	0	0	0
获嘉县	470	0	460	460	10	0	0	10
原阳县	1 319	0	2	2	920	53	344	1 317
延津县	886	0	35	35	851	0	0	851
封丘县	1 190	0	0	0	1 010	0	180	1 190
长垣县	1 051	0	0	0	898	0	153	1 051
新乡市	8 249	1 560	2 158	3 718	3 801	53	677	4 531

五、评价系列

本次地表水资源评价系列为 1956 ~ 2011 年 56 年系列，同时分析计算 1956 ~ 1979 年、1980 ~ 2011 年和 1956 ~ 2011 年系列，并对各系列进行统计计算和成果分析比较。地下水资源重点评价 1980 ~ 2011 年 32 年，结合第一次评价 1956 ~ 1979 年系列结果，延长到 1956 ~ 2011 年系列。开发利用评价选择典型年 2005 年、2007 年、2009 年、2011 年进行调查统计和评价。

此次评价现状基准年为 2011 年。

第二节　水文要素及时空分布

一、降雨

选用资料质量好、系列完整、面上分布均匀且能反映地形变化影响的雨量站作为分析依据站。在降水量变化梯度较大的山区尽可能多选一些站点，在降水量变化梯度较小的平原区着重考虑站点的均匀分布。因此，本次评价用雨量站 24 个，其中黄河流域 6 个，海河流域 18 个，平均站网密度 344 km^2/站，详见表 6-3。

表 6-3　新乡市选用雨量站资料统计

<table>
<tr><th rowspan="2">流域</th><th colspan="5">主要雨量代表站</th></tr>
<tr><th>个数（个）</th><th>站名</th><th>实测资料系列</th><th>插补资料</th><th>备注</th></tr>
<tr><td rowspan="6">黄河流域</td><td>1</td><td>大宾</td><td>1934～2011 年</td><td></td><td>主要站</td></tr>
<tr><td>2</td><td>封丘</td><td>1952～2011 年</td><td></td><td>主要站</td></tr>
<tr><td>3</td><td>朱付村</td><td>1934～2011 年</td><td></td><td>主要站</td></tr>
<tr><td>4</td><td>大车集</td><td>1952～2011 年</td><td></td><td>主要站</td></tr>
<tr><td>5</td><td>孔村</td><td>1956～2011 年</td><td>1952～1955 年</td><td>主要站</td></tr>
<tr><td>6</td><td>王辛庄</td><td>1962～2011 年</td><td>1955 年、1957 年、1960～1961 年</td><td>辅助站</td></tr>
<tr><td>小计</td><td>6</td><td></td><td></td><td></td><td></td></tr>
<tr><td rowspan="18">海河流域</td><td>1</td><td>修武</td><td>1952～2011 年</td><td></td><td>主要站</td></tr>
<tr><td>2</td><td>西寨山</td><td>1963～2011 年</td><td></td><td>辅助站</td></tr>
<tr><td>3</td><td>宝泉</td><td>1952～2011 年</td><td></td><td>主要站</td></tr>
<tr><td>4</td><td>获嘉</td><td>1934～1959 年、1963～2011 年</td><td>1960～1962 年</td><td>辅助站</td></tr>
<tr><td>5</td><td>官山</td><td>1956～2011 年</td><td></td><td>主要站</td></tr>
<tr><td>6</td><td>黄水口</td><td>1956～2011 年</td><td>1952～1955 年</td><td>主要站</td></tr>
<tr><td>7</td><td>辉县</td><td>1951～2011 年</td><td></td><td>主要站</td></tr>
<tr><td>8</td><td>合河</td><td>1933～2011 年</td><td></td><td>主要站</td></tr>
<tr><td>9</td><td>何营</td><td>1952～2011 年</td><td></td><td>主要站</td></tr>
<tr><td>10</td><td>汲县</td><td>1920～2011 年</td><td></td><td>主要站</td></tr>
<tr><td>11</td><td>狮豹头</td><td>1956～1958 年、1960 年、1963 年～2011 年</td><td>1959 年、1961～1962 年</td><td>辅助站</td></tr>
<tr><td>12</td><td>塔岗</td><td>1960～1967 年、1971～2011 年</td><td>1956～1959 年、1968～1962 年</td><td>辅助站</td></tr>
<tr><td>13</td><td>朝歌</td><td>1952～2011 年</td><td></td><td>主要站</td></tr>
<tr><td>14</td><td>南寨</td><td>1952～2011 年</td><td></td><td>主要站</td></tr>
<tr><td>15</td><td>要街</td><td>1960～2011 年</td><td>1956～1959 年</td><td>辅助站</td></tr>
<tr><td>16</td><td>临淇</td><td>1957～2011 年</td><td>1956 年</td><td>辅助站</td></tr>
<tr><td>17</td><td>石门</td><td>1956～2011 年</td><td></td><td>主要站</td></tr>
<tr><td>18</td><td>淇门</td><td>1952～2011 年</td><td></td><td>主要站</td></tr>
<tr><td>小计</td><td>18</td><td></td><td></td><td></td><td></td></tr>
<tr><td>总计</td><td>24</td><td></td><td></td><td></td><td></td></tr>
</table>

评价统一采用1956～2011年(56年)同步期系列资料,实测资料不足45年的进行插补。插补资料一般采用直接移用邻站资料法、年月降水量相关法、降水量等值线图查算法和相邻数站均值移用法。本次评价共采用1 344站年降水量资料,其中实测资料1 092站年,实测资料占97%;插补资料33站年,插补资料主要采用了相邻数站均值移用法。

选用站资料全部经过合理性检查。检查内容包括:单站不同系列(指1956～2011年和1980～2011年系列)降水量的最大值、最小值、均值和 C_v 值正确与否,插补资料采用的方法是否合理,同一自然地理条件下相邻站的特征值和统计参数有无突变现象等。对检查出的问题进行修正或作其他处理,保证数据准确可靠。

(一)年内分配

多年平均降水量年内分配的特点表现为年内分配不均匀,降水主要集中在汛期,季节分配不均且最大最小月相差悬殊等。它与水汽输送的季节变化有密切关系。

新乡市汛期起讫时间一致,汛期为6～9月。汛期降水集中,多年平均降水量为389.0～445.3 mm,汛期4个月的降水量占全年的69.4%～73.8%。

一年四季降水量变化较大。夏季6～8月降水最多,降水量为320.8～382.6 mm,占全年降水量的57.2%～63.4%。春季3～5月降水量86.4～106.9 mm,占全年降水量的15.4%～17.5%。秋季9～11月降水量为106.2～126.3 mm,占全年降水量的18.9%～20.6%。冬季12月至次年2月降水最少,降水量为14.5～28.2 mm,占全年降水量的2.6%～4.6%。

年内各月之间降水量不等,降水最大月与最小月悬殊较大。多年平均以7月降水最多,降水量为147.5～180.8 mm,占全年的26.3%～30.0%,并且呈自南向北增加的趋势。最小月降水多出现在1月,降水量一般为3.2～7.8 mm,占全年的0.6%～1.3%。同站最大月降水量是最小月降水量的20～52倍。新乡市主要代表站多年平均降水量年内分配情况见表6-4。

表6-4　新乡市主要代表站多年平均降水量年内分配

雨量站	年降水量(mm)	汛期		3～5月		6～8月		9～11月		12月至次年2月		最大月		最小月		最大月与最小月倍比
		降水量(mm)	占年比例(%)	降水量(mm)	占年比例(%)	降水量(mm)	占年比例(%)	降水量(mm)	占年比例(%)	降水量(mm)	占年比例(%)	降水量(mm)	占年比例(%)	降水量(mm)	占年比例(%)	
合河	586.5	419.7	71.6	98.9	16.9	358.2	61.1	111.5	19.0	18.0	3.1	160.0	27.3	4.7	0.8	34
汲县	562.9	417.5	74.2	86.4	15.4	355.7	63.2	106.2	18.9	14.5	2.6	164.4	29.2	3.2	0.6	52
辉县	603.2	445.3	73.8	92.9	15.4	382.6	63.4	110.8	18.4	16.9	2.8	180.8	30.0	4.1	0.7	44
获嘉	567.5	399.8	70.4	98.4	17.3	342.4	60.3	106.5	18.8	18.3	3.2	158.8	28.0	5.1	0.9	31
大宾	560.5	389.0	69.4	97.8	17.5	320.8	57.2	119.9	21.4	21.9	3.9	147.5	26.3	6.2	1.1	24
朱付村	593.0	415.6	70.1	104.3	17.6	351.8	59.3	117.4	19.8	19.4	3.3	164.5	27.7	5.2	0.9	32
封丘	600.8	421.1	70.1	102.9	17.1	350.7	58.4	124.0	20.6	23.1	3.9	161.6	26.9	6.4	1.1	25
大车集	612.1	420.6	68.7	106.9	17.5	350.8	57.3	126.3	20.6	28.2	4.6	160.3	26.2	7.8	1.3	20

各种不同频率典型年降水量的年内分配，总的趋势类似于多年平均情况。由于典型年的选样是选取年内分配最不利的年份，因此其分配的不均匀性比多年平均大。不同频率典型年降水量年内分配的另一个特点是，年内分配的不均匀程度与频率大小呈反向变化，即频率越小分配越不均匀，其原因是丰水年与枯水年判断方式主要取决于汛期雨量的多少。

(二)年际变化

受温带大陆性季风气候的不稳定性和天气系统的多变性，年际之间降水量差别很大。新乡市降水的年际变化较为剧烈，主要表现为最大与最小年降水量的比值(即极值比)较大，年降水量变差系数较大和年际间丰枯变化频繁等特点。

新乡市主要雨量站年降水量的极值比一般为 3.5 ~4.6；极值比最大的站点为合河雨量站，1963 年降水量为 1 201.5 mm，1997 年降水量仅 263.5 mm，年降水极值比达 4.6。

最大与最小年降水量的差值(即极差)从绝对量上反映降水的年际变化，雨量站的极差为 671.6 ~938.0 mm，极差最大的站点为合河站，相差 938.0 mm。新乡市主要代表站 1956 ~2011 年系列降水量极值比、极差情况见表 6-5。

表 6-5 新乡市主要代表站 1956 ~2011 年系列降水量极值比、极差情况统计

(单位:mm)

雨量站名称	最大年		最小年		极值比	极差
	降水量	出现年份	降水量	出现年份		
合 河	1 201.5	1963	263.5	1997	4.6	938.0
汲 县	1 111.5	1963	285.8	1997	3.9	825.7
辉 县	1 089.6	1963	286.0	1965	3.8	803.6
获 嘉	1 151.9	1963	276.5	1997	4.2	875.4
大 宾	937.1	1964	265.5	1966	3.5	671.6
朱付村	1 067.8	2000	271.9	1981	3.9	795.9
封 丘	1 059.4	1964	250.4	1966	4.2	809.0
大车集	1 021.5	2003	281.6	1986	3.6	739.9

年降水量变差系数 C_v 值的大小反映出降水量的多年变化规律，C_v 值越小，降水量年际变化越小；C_v 值越大，降水量年际变化越大。新乡市年降水量变差系数 C_v 值一般为 0.24 ~0.35。

从历年同时段(同季或汛期)降水量的角度分析，时段降水量的多年变化则更为剧烈。

(三)系列代表性分析

系列代表性即样本系列的统计规律对总体统计规律的代表程度。由于水文现象本身的时序变化不是纯粹独立的，存在着连续丰水、平水、枯水以及丰枯交替等周期性变化的现象，系列的代表性取决于是否包含丰、平、枯的整个周期，能否反映水文的周期波动、丰

枯交替以及特征值的客观规律。降水量的代表性直接影响着新乡市水资源评价的精度。

本次选取流域内具有56年降水系列的合河、大车集和辉县雨量站观测站资料，分析1956～2011年同步期年降水量的偏丰、偏枯程度和年降水量统计参数的稳定性，研究多年系列丰枯周期变化情况，以综合评判1956～2011年同步期降水量系列的代表性。

1. 统计参数的稳定性分析

统计参数的稳定性分析是基于长系列统计参数比短系列统计参数的代表性相对较好这一基本假定，即长系列统计参数更接近于总体，故以长系列统计参数为标准来检验短系列的代表性。

以长系列始端年为起点，以年降水量逐年向后计算累积平均值和变差系数 C_v 值（用矩法进行计算），并进行综合比较分析。均值、C_v 值等参数均以最长系列的计算值为标准，从过程线上确定参数相对稳定所需的年数。

分析合河、大车集和辉县等站长系列降水量资料，绘制的年降水量累积平均过程线见图6-1～图6-3。

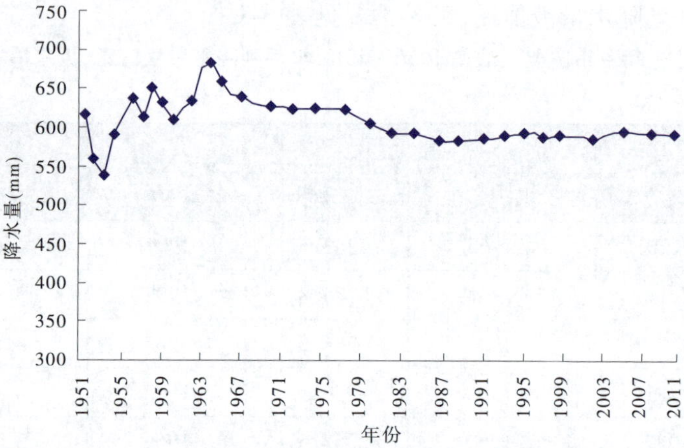

图6-1　合河站年降水量逐年累积平均过程线

从图上可以看出，降水量均值逐年累积平均过程线随年序的增加，其变幅愈来愈小，最终均值达到稳定或基本稳定。各雨量站均值在1990年前后均能达到稳定。

2. 长短系列统计参数的对比分析

对1956～2000年、1956～2011年、1971～2011年、1956～1979年和1980～2011年五个长短系列的均值和 C_v 值，分析计算短系列与连续长系列统计参数的比值，从长短系列统计参数的比较，评定不同长度系列的代表性，详见表6-6。

对1956～2000年、1956～2011年、1971～2011年、1956～1979年和1980～2011年五个系列的均值和 C_v 值的代表性进行分析，1956～2011年系列均值合河站和大车集站均与长系列均值非常接近，辉县站偏小1.13%，变差系数合河站1956～2011年系列变差系数与长系列变差系数接近；大车集站和辉县站1956～2011年系列变差系数比长系列变差系数偏大1.04%。由表6-6知，1956～2011年系列相对最接近于总体分布，代表性最好。因此，选择1956～2011年的降水量系列资料分析平均年降水量是比较合适的。

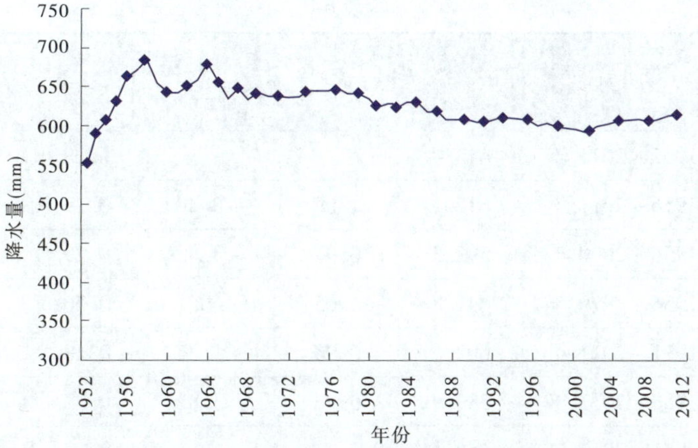

图 6-2　大车集站年降水量逐年累积平均过程线

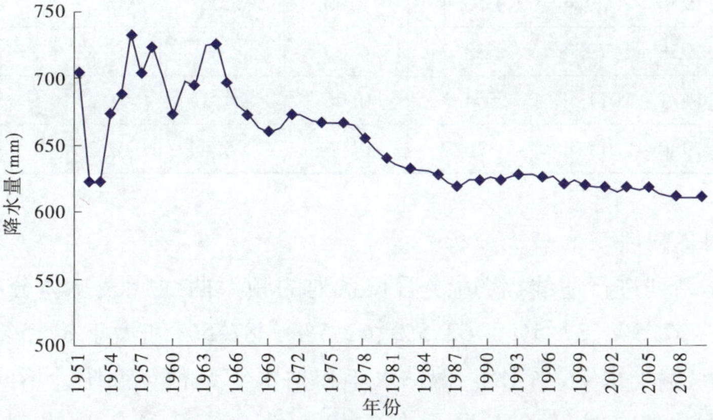

图 6-3　辉县站年降水量逐年累积平均过程线

表 6-6　选用站长短系列统计参数误差统计

（单位：均值，mm；相对误差，%）

站名	n	系列	均值(mm)	K_x	相对误差(%)	C_v	K_{cv}	相对误差(%)
合河	61	1951～2011 年	588.8			0.28		
	56	1956～2011 年	586.5	1.00	-0.39	0.28	1.00	0
	45	1956～2000 年	584.6	0.99	-0.71	0.29	1.04	3.57
	24	1956～1979 年	606.2	1.03	2.96	0.32	1.14	14.29
	41	1971～2011 年	572.0	0.97	-2.85	0.24	0.86	-14.29
	32	1980～2011 年	571.7	0.97	-2.90	0.25	0.89	-10.71

续表 6-6

站名	n	系列	均值（mm）	K_x	相对误差（%）	C_v	K_{cv}	相对误差（%）
大车集	60	1952～2011 年	613.3			0.28		
	56	1956～2011 年	612.1	1.00	-0.20	0.29	1.04	3.57
	45	1956～2000 年	592.3	0.97	-3.42	0.29	1.04	3.57
	24	1956～1979 年	641.8	1.05	4.65	0.26	0.93	-7.14
	41	1971～2011 年	602.6	0.98	-1.74	0.28	1.00	0.00
	32	1980～2011 年	589.9	0.96	-3.82	0.32	1.14	14.29
辉县	61	1951～2011 年	610.1			0.27		
	56	1956～2011 年	603.2	0.99	-1.13	0.28	1.04	3.70
	45	1956～2000 年	610.4	1.00	0.05	0.29	1.07	7.41
	24	1956～1979 年	638.2	1.05	4.61	0.32	1.19	18.52
	41	1971～2011 年	584.7	0.96	-4.16	0.23	0.85	-14.81
	32	1980～2011 年	576.9	0.95	-5.44	0.22	0.81	-18.52

3. 长短系列不同年型的频次分析

对不同样本系列进行适线，将适线后长系列的频率曲线代表总体分布，按频率小于12.5%、12.5%～37.5%、37.5%～62.5%、62.5%～87.5%和大于87.5%的年降水量分别划分为丰水年、偏丰水年、平水年、偏枯水年和枯水年5种年型统计不同系列出现的频次，论证短系列频率曲线经验点据分布的代表性。若5种年型出现的频次接近于12.5%、25%、25%、25%和12.5%总体的频次分布，则认为短系列资料的代表性较好。长短系列不同年型的频次分析以降雨长系列合河站、大车集站和辉县站为例，详见表6-7。

从表6-7中可以看出，5种年型出现的频次，合河站、大车集站和辉县站均以1956～2011年系列代表性较好，其次为1956～2000年、1956～1979年和1971～2011年系列，三站均以1980～2011年系列代表性最差。

4. 连丰、连枯水年

连丰、连枯分析一般采用偏丰水年和丰水年，$P_i > (\overline{P}_N + 0.33\sigma)$，相应频率 $P < 37.5\%$；偏枯水年和枯水年，$P_i < (\overline{P}_N + 0.33\sigma)$，相应频率 $P > 62.5\%$。其中，$\overline{P}_N$ 为多年平均年降水量；P_i 为逐年年降水量；σ 为均方差。

表 6-7　长短系列统计丰、平、枯年型频次分析统计

站名	n	系列	丰水年		偏丰水年		平水年		偏枯水年		枯水年	
			年数	频次（%）	年数	频次（%）	年数	频次（%）	年数	频次（%）	年数	频次（%）
合河	61	1951～2011 年	7	11.5	16	26.2	15	24.6	16	26.2	7	11.5
	56	1956～2011 年	7	12.5	13	23.2	15	26.8	14	25.0	7	12.5
	45	1956～2000 年	5	11.1	12	26.7	10	22.2	12	26.7	6	13.3
	24	1956～1979 年	4	16.7	5	20.8	6	25.0	6	25.0	3	12.5
	41	1971～2011 年	5	12.2	10	24.4	11	26.8	10	24.4	5	12.2
	32	1980～2011 年	5	15.6	6	18.8	8	25.0	10	31.3	3	9.4
大车集	60	1952～2011 年	7	11.7	15	25.0	16	26.7	15	25.0	7	11.7
	56	1956～2011 年	7	12.5	15	26.8	12	21.4	15	26.8	7	12.5
	45	1956～2000 年	4	8.9	12	26.7	10	22.2	12	26.7	7	15.6
	24	1956～1979 年	3	12.5	8	33.3	6	25.0	4	16.7	3	12.5
	41	1971～2011 年	5	12.2	10	24.4	11	26.8	10	24.4	5	12.2
	32	1980～2011 年	5	15.6	6	18.8	7	21.9	9	28.1	5	15.6
辉县	61	1951～2011 年	7	11.5	16	26.2	15	24.6	16	26.2	7	11.5
	56	1956～2011 年	6	10.7	14	25.0	14	25.0	15	26.8	7	12.5
	45	1956～2000 年	6	13.3	11	24.4	11	24.4	11	24.4	6	13.3
	24	1956～1979 年	5	20.8	5	20.8	6	25.0	4	16.7	4	16.7
	41	1971～2011 年	5	12.2	10	24.4	11	26.8	10	24.4	5	12.2
	32	1980～2011 年	4	12.5	6	18.8	9	28.1	10	31.3	3	9.4

按照上述标准判别偏丰水年和丰水年、偏枯水年和枯水年，选择 2 年或 2 年以上的连丰年和连枯年，从选用站年降水量连丰、连枯分析成果看，降水量丰、枯持续时间，连丰年数为 4～5 年，连枯年数为 5～6 年。合河站出现连丰年 4 次，最长 4 年，连枯年 5 次，最长达 5 年；大车集站出现连丰年 5 次，最长 3 年，连枯年 5 次，最长达 4 年：辉县站出现连丰年 4 次，最长 4 年，连枯年 6 次，最长 5 年，见表 6-8。

表 6-8 新乡市 1956~2011 年连丰连枯年统计表

站名	系列	连丰年		连枯年		连丰年	连枯年
		次数（次）	连丰最长年	次数（次）	连枯最长年	出现年份	出现年份
合河	1956~2011 年	4	4	5	5	1961~1964	1959~1960
						1973~1974	1965~1966
						1992~1993	1978~1982
						2003~2005	1986~1987
							2006~2007
大车集	1956~2011 年	5	3	5	4	1962~1964	1965~1966
						1974~1975	1980~1981
						2003~2005	1985~1988
						2010~2011	1995~1997
						1993~1994	1999~2002
辉县	1956~2011 年	4	4	6	5	1961~1964	1959~1960
						1970~1972	1965~1966
						1975~1976	1978~1982
						1992~1994	1986~1987
							1999~2000
							2006~2007

二、径流

本次评价共选用 5 个径流站点，其中区域内有水文站点 4 个，分别是宝泉、合河、汲县和大车集；相邻区 1 个，为修武水文站。

卫河选取修武、合河和汲县水文站，天然文岩渠选取大车集水文站作为主要径流控制站，进行分月还原计算，计算出历年逐月天然径流量系列。以宝泉水文站作为山区站的代表站，计算山区基流和产流量。选用的实测径流资料采用历年水文年鉴刊印成果。

为了保证资料的全面系统性、质量可靠性和系列一致性，还收集了流域的自然地理、水文气象和工农业用水等资料,同时对实测水文资料中的缺测年、月径流资料进行插补,并将其短系列作适当的展延。插补延长时注意相关关系的成因分析和精度要求,并采用相关法、降雨径流关系法、面积比缩放法等多种方法,综合比较,合理选定,使其资料具有较高的质量。

水资源调查和统计分析中采用的是天然年径流,由于人类活动改变了流域下垫面的自然状态,通过兴建各种蓄、引、提等水利工程设施,或多或少地改变了河川径流的天然状态,河道测流断面的实测径流数值不能代表天然状态下的数值。因此,必须将受人类活动影响的这部分径流量还原到实测径流中去。即对当年的实测径流量考虑人类活动消耗、增加和调蓄的水量,尽可能详尽地进行还原。这样才能保证径流量的样本一致性。

本次评价是将受地表水资源开发利用影响而增减的水量都进行还原计算,将还原后的径流量作为天然径流量。

(一)天然年径流的合理性分析

1. 降雨径流关系检查

降雨径流关系是检查天然年径流合理性的重要方法。对单站年降雨径流关系线,检查点线配合程度及有无系统偏离现象;对上下游降雨径流关系,主要检查是否符合下垫面特征。降水集中在短时间内的年份径流量偏大、降水分散的年份径流偏小是相对合理的,否则要检查计算的还原水量是否客观合理,以保证径流成果的合理性。对各代表站进行年降雨径流关系检查分析,对突出点据进行核查对比分析。可以看出,各站的降雨径流关系是比较好的,修武水文站降雨径流关系虽然有点系统偏差,但偏离值小于 5%,可以不进行修正。图 6-4 ~ 图 6-8 为主要水文站点的降雨径流关系图,可以看出,降雨径流关系发生了明显变化,同样降雨条件下,1980 年后降雨产生的径流明显低于 1980 年前的径流,由于下垫面条件变化不同,不同站点关系不一。

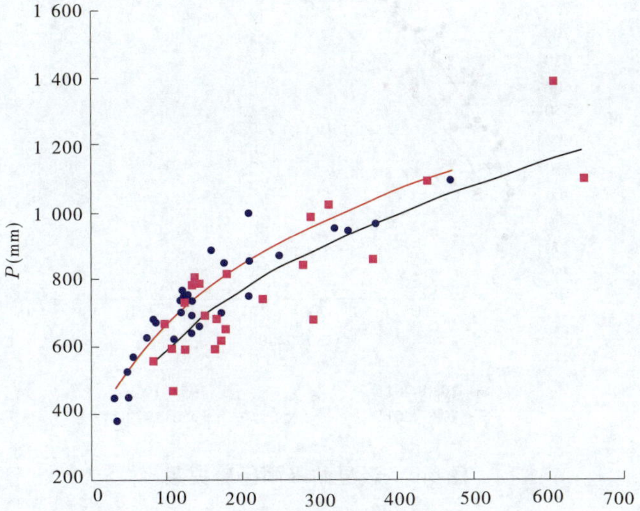

图 6-4 宝泉站降雨径流关系

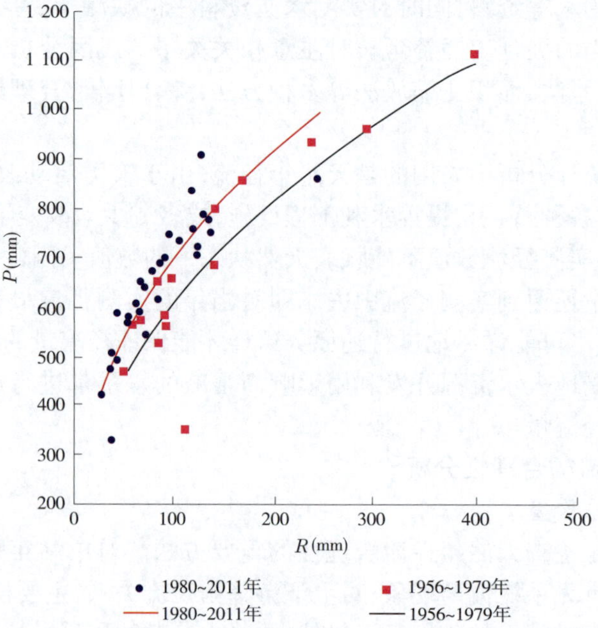

图6-5　合河站降雨径流关系

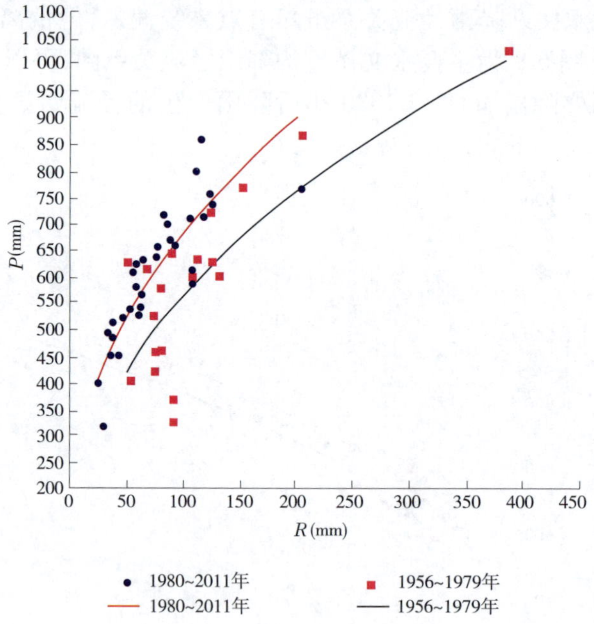

图6-6　汲县站降雨径流关系

2. 上下游干支流水量对照

按照水系自上而下、逢支插入的原则，分别将降雨量、径流量、径流深和径流系数列表检查，视其自上游至下游的变化趋势，是否符合当地雨量和下垫面条件，不符者，检查原因

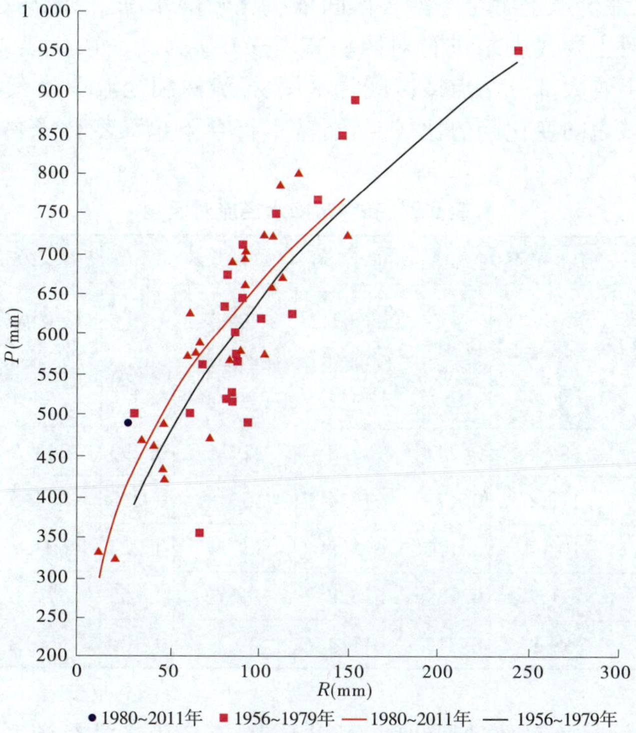

图 6-7　修武站降雨径流关系

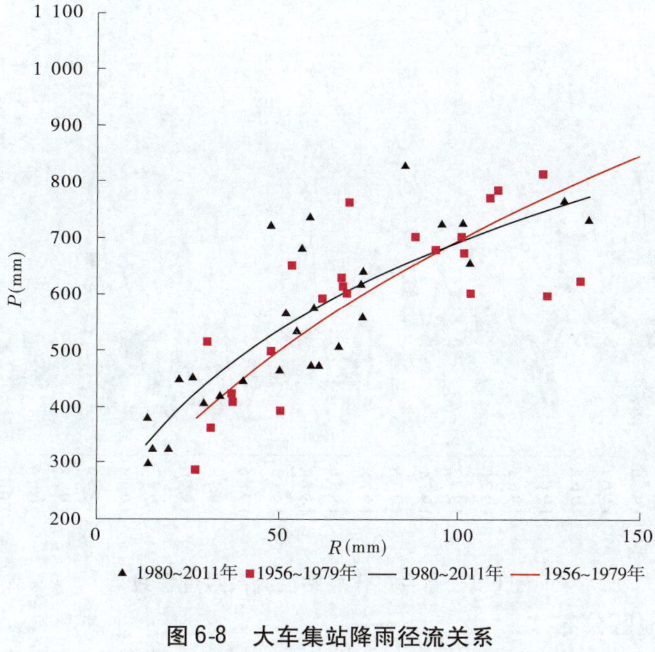

图 6-8　大车集站降雨径流关系

并加以修正。本次评价从上游至下游各区间依次比较降水深、径流深、径流系数，以及点绘降水径流关系，对主要代表站进行对照检查。表6-9为新乡市代表站降水径流对照结果分析，从检查结果看大部分站点或区间降水深、径流深和径流系数三者之间变化趋势以及上下游，相邻区域之间变化趋势比较一致，基本符合下垫面变化条件，计算结果是合理的。

表6-9 新乡市降水径流对照

站名	1956～2011年系列			1956～1979年系列			1980～2011年系列		
	多年平均降水深（mm）	多年平均径流深（mm）	径流系数	多年平均降水深（mm）	多年平均径流深（mm）	径流系数	多年平均降水深（mm）	多年平均径流深（mm）	径流系数
宝泉	760.4	187.5	0.247	782.8	229.5	0.293	743.5	156.1	0.210
合河	652.5	112.6	0.173	676.4	150.8	0.223	634.5	84.0	0.132
汲县	607.8	103.4	0.170	613.8	137.4	0.224	603.2	78.0	0.129
修武	602.5	83.7	0.139	635.8	98.6	0.155	577.6	72.4	0.125
大车集	582.6	68.8	0.118	612.4	79.5	0.130	560.2	60.7	0.108

图6-9为代表站径流系数过程线图，可以看出，符合山区站径流系数大、平原站径流系数小的地区分布规律，单站与区间的天然径流量还原计算是合理的。

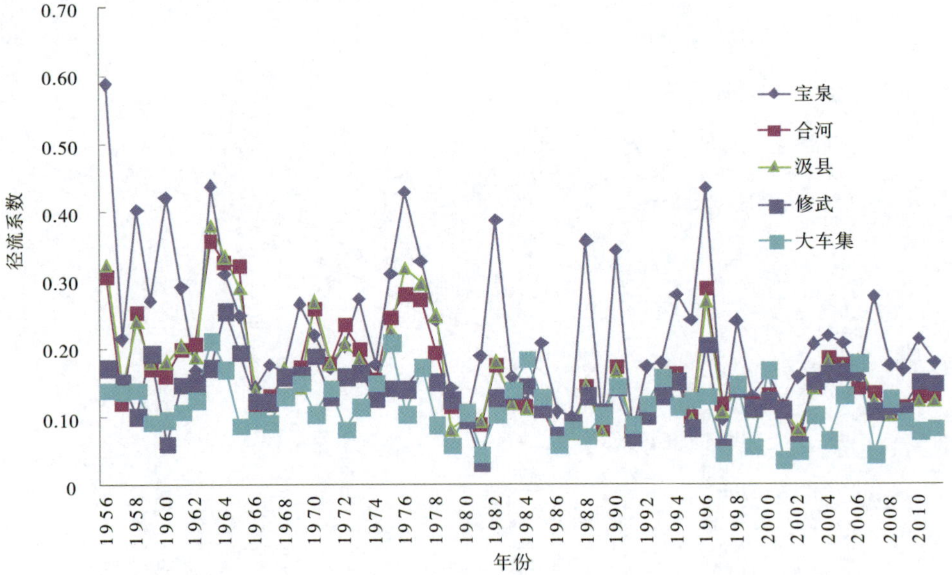

图6-9 新乡市代表站径流系数过程线

（二）径流的地区分布

受降水和下垫面条件的制约，径流量地区分布相似于降雨在区域上的分布，而在下垫面条件变化剧烈的地区，又主要取决于地形的变化。水文上常以 300 mm 径流深作为多水区与过渡区的分界，表 6-10 为径流分区与径流深关系表。宝泉水文站的资料显示，1956～2011 年的平均径流深为 187.5 mm，大车集区间 1956～2011 年的平均径流深为 68.8 mm，由表 6-10 判断本地区属于多水与少水之间的过渡区。

表 6-10　径流分区与径流深关系

径流分区	丰水	多水	过渡	少水	干涸
径流深(mm)	>1 000	300～1 000	50～300	10～50	<10

(三)径流的年内分配和年际变化

1. 年内分配

新乡市河流的径流量大部分由降水补给，呈现汛期径流比较集中，最大月径流与最小月径流相差悬殊等特点，径流量的月分配不均匀性超过了降水量。不同季节径流变化较大，汛期径流量(6～9 月)占全年径流量的 51.8% 以上。

连续最大 4 个月径流量多出现在 7～10 月，占全年径流量的 52.3% 以上。

最大月径流占年径流量的比例在 20% 以上，一般在 8 月。最小月径流量一般出现在 1～2 月。新乡市径流控制站最大、最小、连续最大 4 个月和汛期径流特征值统计详见表 6-11。

表 6-11　新乡市 1980～2011 年平均年径流特征值统计

站名	多年平均值($亿 m^3$)	最大月			最小月			连续最大 4 个月			汛期(6～9 月)	
		径流量($亿 m^3$)	占年量比例(%)	出现月份	径流量($亿 m^3$)	占年量比例(%)	出现月份	径流量($亿 m^3$)	占年量比例(%)	出现月份	径流量($亿 m^3$)	占年量比例(%)
宝泉	0.86	0.35	40.8	8	0.02	2.3	1	0.63	73.1	7～10	0.6	71.5
合河	3.41	0.87	25.5	8	0.11	3.2	1	2.05	60.2	7～10	1.9	57.1
汲县	4.13	1.01	24.5	8	0.13	3.1	1	2.46	59.6	7～10	2.4	57.2
修武	0.93	0.19	20.4	8	0.03	3.2	2	0.49	52.3	7～10	0.5	51.8
大车集	1.43	0.42	29.4	8	0.02	1.4	1	1.16	81.3	7～10	1.2	81.1

2. 年际变化

径流的多年变化较降雨更为剧烈，主要表现在年径流极值比悬殊、年径流变差系数变化较大和年际丰枯变化频繁的特点。

新乡市最大年径流量与最小年径流量的极值比相差悬殊，在 10 倍以上。年径流变差系数 C_v 值在地区分布上变幅为 0.51～0.71，新乡市 1956～2011 年系列主要径流站极值比和径流变差系数 C_v 见表 6-12。

表 6-12 新乡市 1956～2011 年系列代表站年径流量极值比和 C_v 统计

站名	最大年		最小年		极值比	C_v
	年径流量（亿 m^3）	出现年份	年径流量（亿 m^3）	出现年份		
宝泉	3.62	1956	0.20	1991	18.1	0.71
合河	16.24	1963	1.15	1986	14.1	0.64
汲县	20.60	1963	1.42	1986	14.5	0.65
修武	3.14	1964	0.14	1981	22.4	0.70
大车集	3.75	1964	0.31	2001	12.0	0.51

（四）径流系数

年径流系数是降水特性和下垫面条件的综合反映，是反映流域产汇流能力的指标。它一般随降水的增大而增加，在相同降水量的情况下，又随地形坡度的加大而增加。

年径流系数的地区分布特点是山区大于平原，新乡市径流系数总变幅为 0.118～0.247。山区径流系数最高为 0.247；南部平原区为径流系数的低值区，仅为 0.118～0.173，详见表 6-9。

三、蒸发

观测水面蒸发量的蒸发器也称蒸发皿，常用的型号有 E－601、Φ－80 和Φ－20 三种。20 世纪 80 年代以前，蒸发观测以Φ－80 蒸发器为主，结合使用Φ－20 蒸发器。20 世纪 80 年代以后，逐步采用更准确的 E－601 型蒸发器结合Φ－20 蒸发器进行观测；一般 4～10 月采用 E－601 型蒸发器，其他月份则用Φ－20 蒸发器。蒸发皿的口径不同，相同环境下的观测值也不同。为了保证蒸发数据的一致性，本次评价对不同口径蒸发皿的观测值，统一换算成 E－601 型蒸发皿的蒸发量，换算系数见表 6-13。

表 6-13 新乡市不同型号蒸发器折算系数

蒸发器类型	折算系数
Φ_{20}/E_{601}	0.62
Φ_{80}/E_{601}	0.84

本次评价选用大车集水文站和合河水文站的蒸发观测资料。

（一）水面蒸发

蒸发能力是指充分供水条件下的陆面蒸发量，一般以自然水体的水面蒸发量作为反映一个地区蒸发能力的指标。一般采用 E－601 型蒸发器观测的水面蒸发量代替。

水面蒸发量主要受气压、气温、地温、湿度、风力、辐射等气象因素的综合影响。一般而言，气温随高程的增加而降低，风速和日照随高程的增加而增大，综合影响结果是随高程的增加，蒸发能力相应减小：平原区的蒸发能力大于山丘区，水土流失严重、植被稀疏、干旱高温地区的蒸发能力大于植被良好、湿度较大的地区。

1. 水面蒸发折算系数

水面蒸发量的折算系数除受气压、温度、风速和太阳辐射等气象因素影响外，还受仪器性能、地理地形条件和其他偶然性因素的影响，本次评价采用河南省一次评价（20 世纪 80 年代进行）确定的换算系数，详见表 6-13。

2. 水面蒸发量的年际变化和年内分配

1）年际变化

水面蒸发量的大小主要受温度、湿度、风速及太阳辐射等因素的影响。为了消除不同型号蒸发器折算系数的影响，选择同一口径蒸发器观测资料进行分析。本次水面蒸发的计算选择了大车集和合河 2 个代表站 1965～2011 年水面蒸发量系列资料，分 1965～1979 年、1980～2011 年两个时段进行对比分析，结果见表 6-14，可见，1965～1979 年水面蒸发量均值普遍较 1965～2011 年均值偏大 12.8% 左右，而 1980～2011 年水面蒸发量均值都比 1965～1979 年均值偏小 186.2～196.5 mm，即 1980～2011 年水面蒸发量比 1965～1979 年有所偏少。

表 6-14　代表站不同系列水面蒸发量比较

站名	1980～2011 年（mm）	1965～2011 年（mm）	1965～2000 年（mm）	1965～1979 年（mm）	1965～2000 年比 1965～1979 年偏小比例（%）	1965～2011 年比 1965～1979 年偏小比例（%）	1980～2011 年比 1965～1979 年偏小比例（%）
大车集	803.5	862.9	898.8	989.7	-9.2	-12.8	-18.8
合河	839.9	902.6	945.2	1 036.4	-8.8	-12.9	-19.0

图 6-10 是大车集和合河 2 个代表站（E-601）各年蒸发量过程线图。可以看出，蒸发量与降水量情况相似，20 世纪 60、70 年代，蒸发量较大，80 年代至今蒸发量处于低值期，这与降水量的年际变化规律有些相同。

图 6-11 是代表站蒸发量 5 年滑动平均过程线，可见，蒸发量与降水量情况相似，20 世纪 60 年代蒸发量处于上升阶段，蒸发量较大，从 20 世纪 70 年代初到 80 年代中期蒸发量处于下降期，80 年代中期以后，大车集站处于继续下降期，合河站处于相对稳定期。这与降水量的滑动平均过程变化规律有些相同。

2）年内分配

年内水面蒸发量受温度、湿度、风速和日照等气象因素年内变化的影响。受湿度和温度变化的影响年内水面蒸发量主要集中在 5～8 月，主要代表站最大连续 4 个月的多年平均蒸发量一般占年总量的 52.5%～52.7%。主要代表站 1965～2011 年多年平均水面蒸发量月分配见图 6-12。

最大月蒸发量出现在 6 月，多年平均最大月蒸发量与年总蒸发量的百分比一般为 15.5%～15.7%；最小月蒸发量出现在 1 月，占年蒸发量的 2.7%～2.8%。多年平均最大月蒸发量与最小月蒸发量的比值为 5.5～5.9。

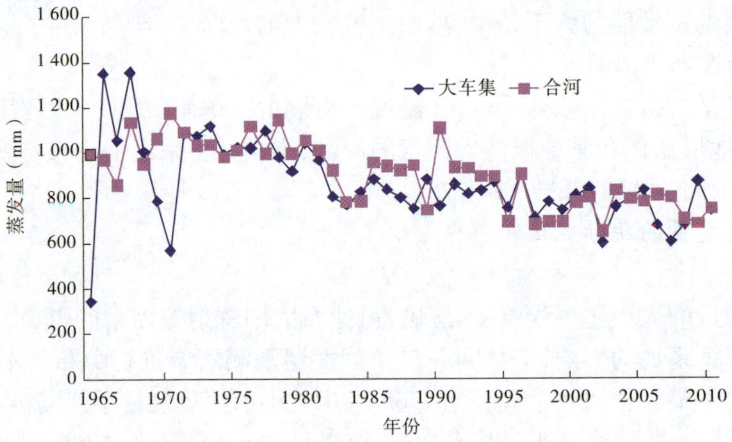

图 6-10　代表站蒸发量过程线

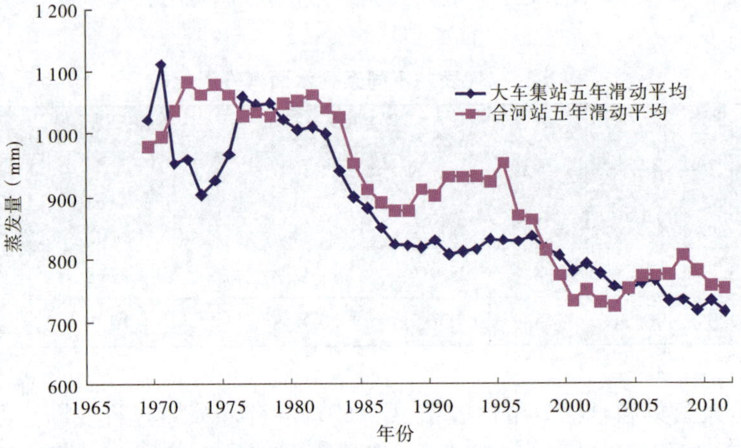

图 6-11　代表站蒸发量五年滑动平均过程线

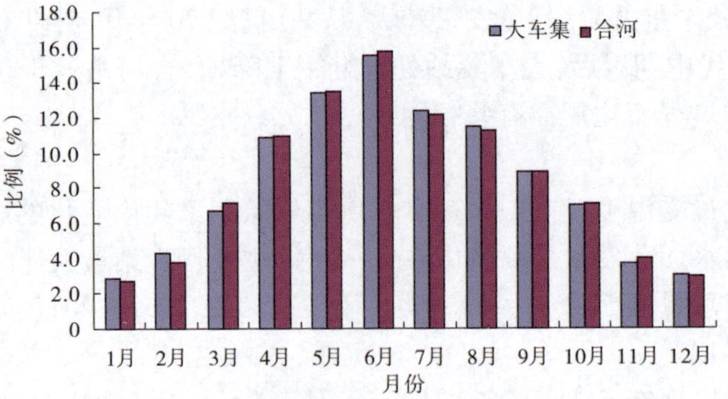

图 6-12　代表站多年平均蒸发量年内分配比例

夏季蒸发量最大,春季大于秋季,冬季最小。代表站多年平均年水面蒸发量年内分配详见表6-15。

表6-15　代表站多年平均水面蒸发量年内分配

站名	多年平均蒸发量(mm)	四季蒸发量占年蒸发量的比例(%)				连续最大4个月(5~8月)占比(%)	最大月(6月)占比(%)	最小月(1月)占比(%)	最大月与最小月倍比
		3~5月	6~8月	9~11月	12月至次年2月				
大车集	862.9	31.0	39.3	19.6	10.1	52.7	15.5	2.8	5.5
合河	902.6	31.6	39.1	19.9	9.4	52.5	15.7	2.7	5.9

(二)干旱指数

干旱指数为年蒸发能力与年降水量的比值,是反映气候干湿程度的指标,因年蒸发能力与E-601型蒸发器测得的水面蒸发量存在着线性关系,所以多年平均干旱指数采用多年平均E-601年水面蒸发量与多年平均年降水量之比。当干旱指数小于1.0时,降水量大于蒸发能力,表明该地区气候湿润;反之,当干旱指数大于1.0时,蒸发能力超过降水量,表明该地区偏于干旱。干旱指数愈大,干旱程度愈严重。根据干旱指数的大小,可进行气候的干湿分带,其划分标准见表6-16。

表6-16　气候分布带划分等级

气候分带	十分湿润	湿润	半湿润	半干旱	干旱
干旱指数	<0.5	0.5~1.0	1.0~3.0	3.0~7.0	>7.0

新乡市主要代表站的干旱指数结果见表6-17,大车集站1965~2011年系列蒸发量为862.9 mm,同步系列降雨量为594.4 mm,干旱指数为1.45。合河站1965~2011年系列蒸发量为902.6 mm,同步系列降雨量为561.1 mm,干旱指数为1.61。两个站干旱指数较一致,大车集站位于新乡市东部,合河站位于新乡市西部,说明新乡市气候较一致。根据干旱指数计算结果,以气候分布带划分等级标准为依据,判定新乡市属半湿润气候特征。

表6-17　新乡市主要蒸发代表站干旱指数

行政区	代表站	蒸发量(mm)	降水量(mm)	干旱指数
长垣县	大车集	862.9	594.4	1.45
新乡县	合河	902.6	561.1	1.61

第三节　地表水资源评价

地表水资源量是指河流、湖泊、冰川等地表水体中由当地降水形成的,可以逐年更新的动态水量，用天然河川径流量表示。随着社会经济的发展、用水需求量的增加，地表水资源日益受到人类活动的影响，大量的蓄、引、提水工程改变了河川天然径流的情势，区域内各水文控制站的实测径流不能反映天然下垫面条件下的产汇流状况。为了保持径流量资料的前后一致性，必须将受调蓄和耗用影响后的径流还原为"天然情况"的径流量，并进行资料系列的一致性分析处理。本次评价采用还原后的近期下垫面条件下的天然径流系列作为评价地表水资源量的依据。

水资源的评价应在分析水资源形成、运移和转化机理的基础上，探求水资源的数量和质量及其时空分布规律，为水资源的合理开发和可持续利用提供可靠的依据。当水汽形成降水落到地表后，少量降水被植物截流，通过蒸发重新返回大气中；大部分降水到达地面后部分补给河网、坑塘等各种水体，部分从地表入渗土壤中，当降水强度超过下渗强度或降水量满足土壤蓄水容量时，则形成坡面流汇入河道；渗入土壤中的水量，一部分由土壤直接蒸发和通过植物散发返回大气中，一部分以壤中流形式补给河道，其余部分下渗补给地下水；部分地下水被河道切割，以基流的形式补给河道。坡面流和壤中流、基流等水体补给河道的水量构成河川径流量，即地表水资源量。水循环可以用图 6-13 形象直观地表示。

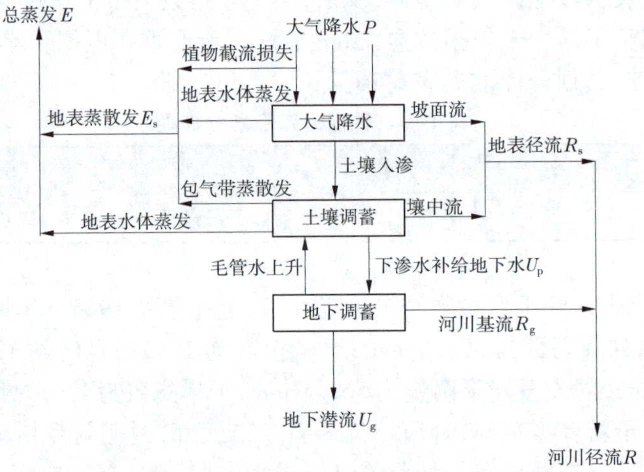

图 6-13　水循环示意图

一、分区降水量

常用算术平均值法、面积加权法、等值线图量算法和网格法计算面降水量。

本次评价，三级区套县级行政区（"计算分区"）降水量，一般采用泰森多边形法计算。水资源三级区、二级区及全市的降水量均以计算分区为基本计算单元，用面积加权法计算。

（一）1980～2011 年系列降水量

全市 1980～2011 年系列平均年降水量为 586.8 mm。其中，海河流域平均年降水量为 616.7 mm，黄河流域平均年降水量为 562.2 mm。

全市 1980～2011 年系列降水量为 48.401 3 亿 m^3，海河流域降水总量约为 22.927 7

亿 m^3，占全市降水量的 47.4%；黄河流域降水总量约为 25.5 亿 m^3，占全市降水量的 52.6%。各流域分区 1980～2011 年系列平均降水量见表 6-18。行政区各县市 1980～2011 年系列平均降水量见表 6-19。

表 6-18　新乡市流域分区 1980～2011 年系列平均降水量

流域分区		计算面积（km^2）	年平均降水量		占全市比例（%）
			mm	亿 m^3	
海河流域	漳卫河山丘区	1 560	665.1	10.375 9	21.4
	漳卫河平原区	2 158	581.6	12.551 8	25.9
	小计	3 718	616.7	22.927 7	47.3
黄河流域	小浪底—花园口干流区	53	545.6	0.289 2	0.6
	金堤河天然文岩渠区	3 801	564.7	21.464 4	44.3
	花园口以下干流区	677	549.5	3.720 0	7.7
	小计	4 531	562.2	25.473 6	52.6
新乡全市		8 249	586.8	48.401 3	100.0

表 6-19　新乡市行政分区 1980～2011 年系列平均降水量

行政分区	计算面积（km^2）	年平均降水量		占全市比例（%）
		mm	亿 m^3	
市区	430	579.6	2.005 4	4.1
新乡县	356	574.5	2.096 9	4.3
卫辉市	865	611.5	5.368 9	11.1
辉县市	1 682	634.3	10.669 3	22.0
获嘉县	470	576.3	2.650 9	5.5
原阳县	1 319	558.5	7.422 1	15.3
延津县	886	563.6	5.343 1	11.0
封丘县	1 190	560.9	6.674 2	13.8
长垣县	1 051	560.9	5.895 5	12.2
新乡全市	8 249	586.8	48.401 3	100.0

本次评价将 1980～2011 年系列与 1956～1979 年系列的年降水量均值进行比较，反映出两个系列的降水丰枯情况。1980～2011 年系列多年平均降水量与 1956～1979 年系列相比，海河流域降水量减少 59.8 mm，减幅 8.8%，黄河流域减少 52.6 mm，减幅 8.6%。全市多年平均降水量由 642.6 mm 减少到 586.8 mm，减少 55.8 mm，减幅达 8.7%，详见表 6-20 和表 6-21。

表 6-20　新乡市流域分区不同系列面平均雨量对比分析　（单位:mm）

流域分区		1956～2000 年	1956～2011 年	1956～1979 年	1980～2011 年	减少量 ④-⑤	减幅 (%)
①		②	③	④	⑤	⑥	⑦
海河流域	漳卫河山丘区	702.4	701.2	749.2	665.1	84.1	11.2
	漳卫河平原区	600.3	599.8	623.9	581.6	42.3	6.8
	流域	643.2	642.3	676.5	616.7	59.8	8.8
黄河流域	小浪底—花园口区间	567.4	569.5	601.5	545.6	55.9	9.3
	金堤河天然文岩渠区	580.9	586.2	614.8	564.7	50.1	8.2
	花园口以下干流区	578.8	577.7	615.4	549.5	65.9	10.7
	流域	580.4	584.7	614.8	562.2	52.6	8.6
新乡全市		608.7	610.7	642.6	586.8	55.8	8.7

表 6-21　新乡市行政分区不同系列面平均降水量对比分析　（单位:mm）

行政分区	1956～2000 年	1956～2011 年	1956～1979 年	1980～2011 年	减少量 ④-⑤	减幅 (%)
①	②	③	④	⑤	⑥	⑦
市区	603.9	603.6	629.0	579.6	49.4	7.9
新乡县	597.3	597.7	622.5	574.5	48.0	7.7
卫辉市	643.2	642.6	677.1	611.5	65.6	9.7
辉县市	671.4	670.4	711.1	634.3	76.8	10.8
获嘉县	599.9	599.5	623.7	576.3	47.4	7.6
原阳县	579.8	583.3	614.5	558.5	56.0	9.1
延津县	581.7	586.7	615.2	563.6	51.6	8.4
封丘县	580.6	584.9	614.9	560.9	54.0	8.8
长垣县	580.6	585.0	614.9	560.9	54.0	8.8
新乡全市	608.7	610.7	642.6	586.8	55.8	8.7

各行政区 1980～2011 年系列多年平均降水量与 1956～1979 年系列相比，都有不同的减少。变化最大的是辉县市，减少了 10.8%，最小的是获嘉县，减少了 7.6%。

（二）1956～2011 年系列降水量

1956～2011 年系列流域分区及行政分区降水量分别见表 6-22 和表 6-23，全市平均年降水量 610.7 mm，相应降水总量 50.4 亿 m^3。其中：海河流域年均降水量 642.3 mm，相应年降水总量 23.9 亿 m^3，占全市降水量的 47.4%；黄河流域平均年降水量 584.7 mm，相应年降水总量26.5亿m^3，占全市降水量的52.6%。

各行政分区中，降水总量最大的是辉县市，为11.3亿m^3，占全市的22.4%；最小的是市区，为2.1亿m^3，占全市的4.1%。按降水深来说，降水量最大的是辉县市，为670.4 mm；最小的是原阳县，为583.3 mm。

表6-22 新乡市流域分区1956～2011年系列平均降水量

流域分区		计算面积（km^2）	年平均降水量		占全市比例（%）
			mm	亿m^3	
海河流域	漳卫河山丘区	1 560	701.2	10.937 8	21.7
	漳卫河平原区	2 158	599.8	12.943 0	25.7
	小计	3 718	642.3	23.880 8	47.4
黄河流域	小浪底—花园口区间	53	569.5	0.301 9	0.6
	金堤河天然文岩渠区	3 801	586.2	22.281 3	44.2
	花园口以下干流区	677	577.7	3.911 3	7.8
	小计	4 531	584.7	26.494 5	52.6
新乡全市		8 249	610.7	50.375 3	100.0

表6-23 新乡市行政分区1956～2011年系列平均降水量成果

行政分区	计算面积（km^2）	年平均降水量		占全市比例（%）
		mm	亿m^3	
市区	430	603.6	2.088 4	4.2
新乡县	356	597.7	2.181 5	4.3
卫辉市	865	642.6	5.641 8	11.2
辉县市	1 682	670.4	11.275 3	22.4
获嘉县	470	599.5	2.757 6	5.5
原阳县	1 319	583.3	7.752 6	15.4
延津县	886	586.7	5.562 2	11.0
封丘县	1 190	584.9	6.960 5	13.8
长垣县	1 051	585.0	6.148 0	12.2
新乡全市	8 249	610.7	50.375 3	100.0

新乡市面平均雨量1956～2011年降水量过程线见图6-14。可以看出，降水量大的年份是1963年，为992.1 mm；降水量最小的年份是1997年，为310.6 mm，年降水量极值比为3.19。

新乡市流域分区面平均雨量1956～2011年年降水量过程线见图6-15、图6-16。可

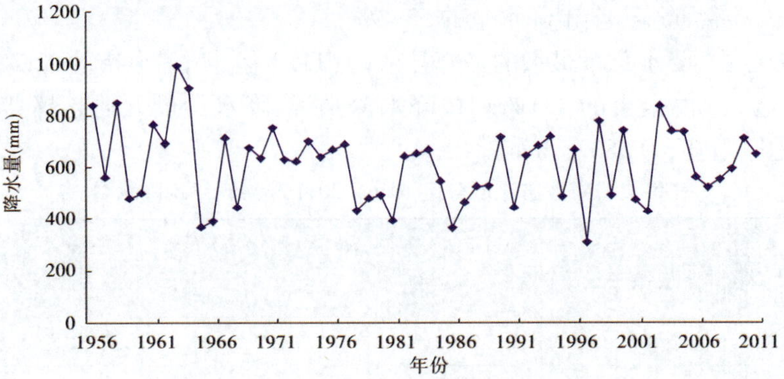

图 6-14　新乡市 1956～2011 年降水量过程线

以看出，漳卫河山丘区降水量最大的年份是 1963 年，降水量为 1 274. 2 mm；降水量最小的年份是 1965 年，降水量为 340. 8 mm。

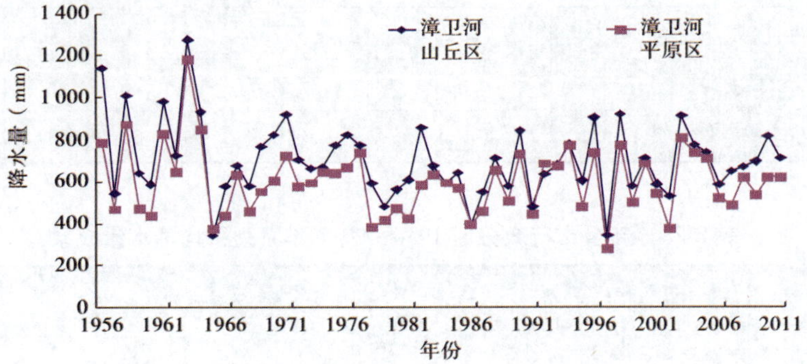

图 6-15　新乡市海河流域分区面平均雨量过程线

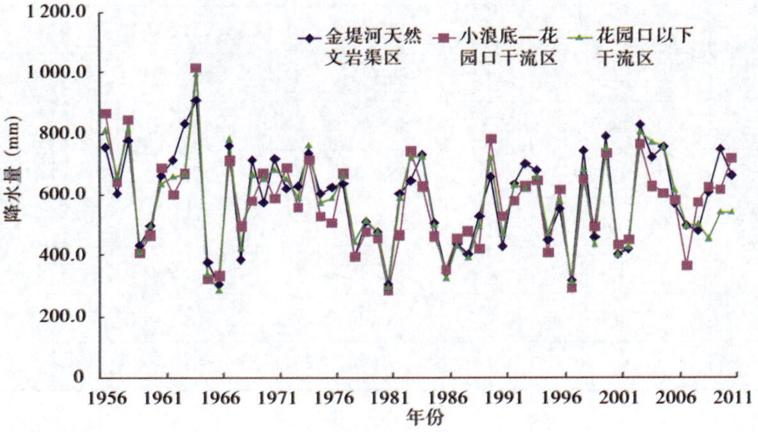

图 6-16　新乡市黄河流域分区面雨量过程线

漳卫河平原区降水量最大的年份是 1963 年，为 1 181. 3 mm；降水量最小的年份是 1997 年，为 277. 5 mm，见图 6-15。

小浪底至花园口干流区降水量大的年份是1964年，为1 016.6 mm；降水量最小的年份是1981年，为283.8 mm，详见图6-16。

金堤河天然文岩渠区降水量最大的年份是1964年，为912.2 mm；降水量最小的年份是1966年，为303.9 mm，见图6-16。

花园口以下干流区降水量最大的年份是1964年，为995.0 mm；降水量最小的年份是1966年，为286.8 mm，见图6-16。

不同频率分区降水量，根据系列均值、变差系数 C_v，用矩法计算采用P－Ⅲ型曲线适线拟合。均值采用算术平均值，C_v 先用矩法计算，经适线后确定。$C_s/C_v=2.0$。适线时要按平水、枯水年点据的趋势定线，特大、特小值不作处理。1956～2011年同步系列，$P=20\%$、$P=50\%$、$P=75\%$ 和 $P=95\%$ 新乡市降水量分别为745.6 mm、592.9 mm、486.8 mm、358.0 mm。新乡市1956～2011年同步系列年平均降水量特征值及不同频率降水量见表6-24。可以看出，流域分区的降水量年际变化极不均匀，最大降水量与最小降水量之间相差608～934 mm；漳卫河平原区的最大降水量是最小降水量的4.26倍。

表6-24　新乡市流域分区1956～2011年系列降水量特征值　（单位：mm）

流域分区	计算面积（km^2）	统计参数			不同频率年降水量			
		年平均降水量	最大年降水量	最小年降水量	20%	50%	75%	95%
漳卫河山丘区	1 560	701.2	1 274.2	340.8	870.9	681.4	551.2	395.2
漳卫河平原区	2 158	599.8	1 181.3	277.5	735.3	584.7	480.1	353.0
小浪底—花园口区间	53	569.5	1 016.6	283.8	703.5	550.5	445.3	319.3
金堤河天然文岩渠区	3 801	586.2	912.2	303.9	720.2	563.6	455.9	326.9
花园口以下干流区	677	577.7	995.0	286.8	717.6	561.5	454.2	325.7
新乡市	8 249	610.7	992.1	310.6	745.6	592.9	486.8	358.0

（三）不同年代降水量变化趋势

不同年代降水量均值对比可以反映一个地区降水量的年代变化情况。对新乡市全区来讲，20世纪70年代和21世纪近11年降水量最接近多年（1956～2011年）平均降水量，20世纪五六十年代降水量最大，80年代降水量最小。

新乡市各流域分区，20世纪60年代降水量最丰，70年代和21世纪最近11年基本接近于多年平均情况，20世纪80年代相对最枯、50年代偏丰、90年代偏枯。新乡市流域分区不同年代降水量比较情况详见表6-25和图6-17。

表 6-25　新乡市流域分区不同年代降水量对比　（单位：mm）

流域分区	1956～1960 年	1961～1970 年	1971～1980 年	1981～1990 年	1991～2000 年	2001～2011 年	1956～2011 年
漳卫河山丘区	784.7	766.7	695.1	645.0	661.6	696.1	701.2
漳卫河平原区	606.8	656.2	585.3	554.5	602.2	597.4	599.8
小浪底—花园口区间	646.6	608.5	557.2	506.9	557.4	578.4	569.5
金堤河天然文岩渠区	613.2	622.9	593.8	515.3	575.5	607.9	586.2
花园口以下干流区	639.3	610.9	593.9	519.7	560.5	573.3	578.8
新乡市	646.3	657.7	610.5	550.4	597.4	618.8	610.7

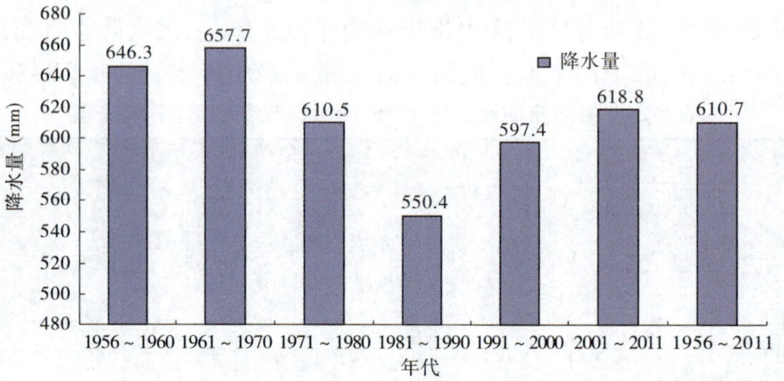

图 6-17　新乡市不同年代降水量对比

各行政分区的情况与流域分区的情况基本相同，行政区不同年代降水量对比见表 6-26。

表 6-26　新乡市行政分区不同年代降水量统计　（单位：mm）

行政分区	1956～1960 年	1961～1970 年	1971～1980 年	1981～1990 年	1991～2000 年	2001～2011 年	1956～2011 年
市区	615.0	659.4	590.5	556.6	603.5	602.3	603.6
新乡县	607.8	651.0	586.6	548.4	598.1	599.0	597.7
卫辉市	683.2	702.1	632.6	591.6	626.5	640.1	642.6
辉县市	730.6	733.1	661.7	617.5	643.5	666.1	670.4
获嘉县	607.0	655.5	585.5	553.6	601.6	597.6	599.5
原阳县	621.3	619.2	592.3	516.2	570.9	597.7	583.3
延津县	612.9	624.2	593.4	516.9	576.6	607.5	586.7
封丘县	617.1	621.1	593.8	516.0	573.2	602.7	584.9
长垣县	617.0	621.1	593.8	516.0	573.3	602.9	585.0
全市	646.3	657.7	610.5	550.4	597.4	618.8	610.7

二、分区地表水资源量

20 世纪 80 年代进行的第一次系统水资源评价已对 1956 ~ 1979 年系列的径流资料进行了还原,其还原成果反映了 20 世纪 50 ~ 70 年代的下垫面因素等产汇流条件和降水径流关系。本次评价将利用第一次评价成果,仅对 1980 ~ 2011 年系列的径流资料进行还原计算。对还原后的地表水资源量系列与 1956 ~ 1979 年系列的地表水资源量进行一致性分析,在两次成果产生系统偏离时对 1956 ~ 1979 年系列进行修正,得到能反映近期下垫面条件具有一致性的地表水资源量系列。

新乡市天然年径流量系列计算,黄河流域以大车集站、朱付村站为骨干站点,海河流域以修武、宝泉、合河、汲县、黄土岗站为基本站点。

大车集水文站在黄河流域天然文岩渠河上,地处长垣县境内,控制流域面积 2 283 km^2,属于平原性河流控制站;朱付村水文站在黄河流域文岩渠河上,地处延津县境内,在大车集站上游,属于平原性河流控制站;修武水文站位于南运河水系大沙河上,地处修武县内,控制流域面积 1 287 km^2,属于平原性河流控制站;宝泉水文站位于南运河水系峪河上,地处辉县市境内,控制流域面积 538 km^2,属于山区性河流控制站;合河代表站位于新乡县境内,有合河(卫)和合河(共)两个断面,分别在卫河和共产主义渠上,控制流域面积 4 061 km^2,属于平原性河流控制站;汲县代表站位于卫辉市境内,有汲县和黄土岗两个断面,分别在卫河和共产主义渠上,控制流域面积 5 294 km^2,属于平原性河流控制站。

计算各三级区 1956 ~ 2011 年系列的天然年径流量系列,利用水文比拟法将三级区天然年径流量系列划分为所属县、市级行政区系列。

(一)流域分区地表水资源量

1. 1980 ~ 2011 年系列多年平均地表水资源量

1980 ~ 2011 年系列多年平均地表水资源量:新乡市全市为 6.716 9 亿 m^3,折合径流深 81.4 mm,其中黄河流域 2.705 0 亿 m^3,折合径流深 59.7 mm;海河流域 4.011 9 亿 m^3,折合径流深 107.9 mm。各流域分区 1980 ~ 2011 年系列多年平均地表水资源量详见表 6-27。从流域分区来看,1980 ~ 2011 年系列多年平均地表水资源量具有山区比平原大,北部比南部大的一般规律。

表 6-27 新乡市流域分区 1980 ~ 2011 年系列地表水资源量成果

流域分区		面积(km^2)	地表水资源量(亿 m^3)	径流深(mm)	径流系数
海河流域	漳卫河山区	1 560	2.435 5	156.1	0.23
	漳卫河平原区	2 158	1.576 4	73.0	0.13
	小计	3 718	4.011 9	107.9	0.17
黄河流域	小浪底—花园口区间	53	0.033 2	62.5	0.11
	金堤河天然文岩渠区	3 801	2.377 5	62.5	0.11
	花园口以下干流区	677	0.294 3	43.5	0.08
	小计	4 531	2.705 0	59.7	0.11
新乡市		8 249	6.716 9	81.4	0.14

全市 1980 ~ 2011 年系列多年平均地表水资源量比 1956 ~ 1979 年系列多年平均地表

水资源量偏小 30.4%，其中黄河流域偏小 21.4%，海河流域偏小 35.4%。各流域分区 1980～2011 年系列多年平均地表水资源量与 1956～1979 年系列多年平均地表水资源量比较分析详见表 6-28。

表 6-28　1980～2011 年系列与 1956～1979 年系列地表水资源量对比

流域分区		1956～1979 年（亿 m^3）	1980～2011 年（亿 m^3）	差值（亿 m^3）	相对偏差（%）
海河流域	漳卫河山区	3.579 4	2.435 5	1.143 9	32.0
	漳卫河平原区	2.633 1	1.576 4	1.056 7	40.1
	小计	6.212 5	4.011 9	2.200 7	35.4
黄河流域	小浪底—花园口区间	0.042 2	0.033 2	0.009 0	21.3
	金堤河天然文岩渠区	3.023 1	2.377 5	0.645 6	21.4
	花园口以下干流区	0.374 2	0.294 3	0.079 9	21.4
	小计	3.439 5	2.705 0	0.734 5	21.4
新乡市		9.652 0	6.716 9	2.935 1	30.4

由表 6-27 可以看出，新乡市 1980～2011 年系列多年平均地表水资源量比 1956～1979 年系列多年平均地表水资源量明显减少（减少了 30.4%）。其中，影响地表水资源量的一项主要因素为降水，全市 1980～2011 年系列多年平均降水量比 1956～1979 年系列多年平均降水量偏小 8.7%，海河流域偏小 8.8%，黄河流域偏小 8.6%。降水量的减少是造成地表水资源量减少的一项主要原因，下垫面的改变也在一定程度上减少了水资源量，尤其是 20 世纪 80 年代以来卫河及其共产主义渠的实测径流量大量减少，1980 年以来引水灌溉工程与其他用水工程也提高了降水量的可利用程度，增加了引水和灌溉过程中的入渗量、灌溉蒸发量和水面蒸发损失。此外，农业发生了很大的变化，耕作方式的改变、种植结构的变化、品种的改变等在增加作物产量的同时，也增加了区域蒸散发量，从而造成地表水资源量的减少。近年来，随着工业的发展，地下水开采严重，形成多处地下水漏斗，也使部分降水直接补充到土壤和地下，从而在一定程度上造成了地表水资源量的减少。

综上所述，1980～2011 年系列与 1956～1979 年系列所产生的系列偏差，主要受降水不均衡影响，其他因素不占主导地位；另外，符合山区站径流系数大、平原站径流系数小的分布规律，同时符合受人类活动影响流域产流能力下降的情况。

2. 1956～2011 年系列多年平均地表水资源量

1956～2011 年系列多年平均地表水资源量计算结果见表 6-12。全市 1956～2011 年系列多年平均地表水资源量为 7.974 8 亿 m^3，折合径流深 96.7 mm，最大地表水资源量为 1963 年的 24.190 3 亿 m^3，最小为 1997 年的 1.937 5 亿 m^3，极值比为 12.5；黄河流域多年平均地表水资源量为 3.019 7 亿 m^3，折合径流深 66.6 mm，最大地表水资源量为 1964 年的 7.103 3 亿 m^3，最小为 2001 年的 0.592 8 亿 m^3，极值比为 12.0；海河流域多年平均地表水资源量 4.955 0 亿 m^3，折合径流深 133.3 mm，最大地表水资源量为 1963 年的 18.412 9 亿 m^3，最小为 1986 年的 1.224 8 亿 m^3，极值比为 15.0，详见表 6-29。

表 6-29 新乡市流域分区 1956～2011 年系列地表水资源量成果

流域分区		计算面积 (km^2)	地表水资源量 (亿 m^3)	径流深 (mm)	最大年地表水资源量 (亿 m^3)	最小年地表水资源量 (亿 m^3)	极值比
海河流域	漳卫河山区	1 560	2.925 7	187.5	10.120 4	0.552 2	18.3
	漳卫河平原区	2 158	2.029 3	94.0	8.929 9	0.450 1	19.8
	小计	3 718	4.955 0	133.3	18.412 9	1.224 8	15.0
黄河流域	小浪底—花园口区间	53	0.037 0	69.8	0.087 1	0.007 3	11.9
	金堤河天然文岩渠区	3 801	2.654 2	69.8	6.243 4	0.521 0	12.0
	花园口以下干流区	677	0.328 6	48.5	0.772 9	0.064 5	12.0
	小计	4 531	3.019 7	66.6	7.103 3	0.592 8	12.0
新乡全市		8 249	7.974 8	96.7	24.190 3	1.937 5	12.5

新乡市 1956～2011 年系列地表水资源量过程见图 6-18，可见，新乡市地表水资源量从 1956 年到 2011 年有减少的趋势，但近 30 年变化相对平稳，最大年地表水资源量出现在 1963 年，最小年地表水资源量出现在 1997 年。

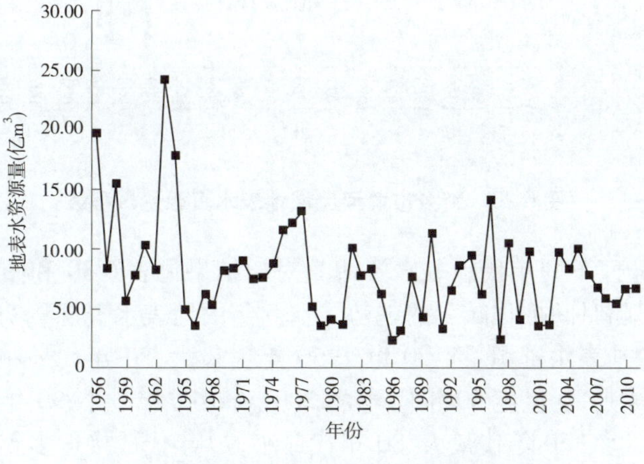

图 6-18 新乡市全市地表水资源量过程线

新乡市黄河流域与海河流域 1956～2011 年系列地表水资源量过程分别见图 6-19 和图 6-20。黄河流域最大地表水资源量出现在 1964 年，为 7.103 3 亿 m^3；最小地表水资源量出现在 2001 年，为 0.592 8 亿 m^3。海河流域最大地表水资源量出现在 1963 年，为

18.412 9 亿 m^3；最小地表水资源量出现在 1986 年，为 1.224 8 亿 m^3，极值比为 15.0，丰、枯年份地表水资源量相差悬殊，两个流域的丰、枯水年份出现不同步现象。这与降水量是对应的，也是符合客观实际的。

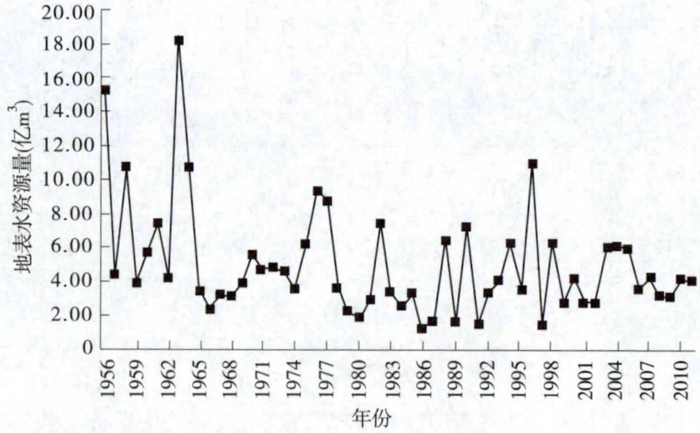

图 6-19　新乡市海河流域地表水资源量过程线

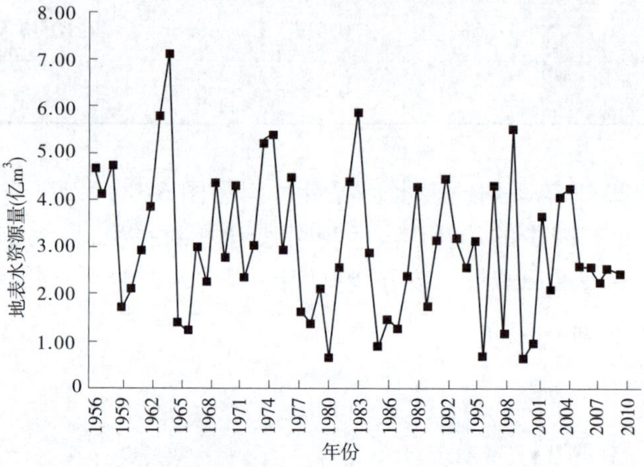

图 6-20　新乡市黄河流域地表水资源量过程线

新乡市流域分区不同年代地表水资源量对比结果见表 6-30 和图 6-21，可见，全市地表水资源量呈现出随时间推移减少的趋势，近 30 年的地表水资源量明显小于前 30 年(20 世纪 50～80 年代)地表水资源量。20 世纪 50 年代最大，80 年代最小，70 年代最接近多年平均值；黄河流域是 20 世纪 60 年代最大，2001～2011 年最小，90 年代最接近多年平均值；海河流域是 20 世纪 50 年代最大，80 年代最小，90 年代最接近多年平均值。其他各区的变化情况与其流域的变化情况基本一致。

表 6-30　新乡市流域分区不同年代地表水资源量对比　　　　（单位：亿 m^3）

流域分区		1956～1960 年	1961～1970 年	1971～1980 年	1981～1990 年	1991～2000 年	2001～2011 年	1956～2011 年
海河流域	漳卫河山区	5. 272 1	3. 376 4	2. 665 3	2. 610 3	2. 559 4	2. 306 0	2. 925 7
	漳卫河平原区	2. 635 1	2. 832 2	2. 271 0	1. 114 5	1. 797 0	1. 847 1	2. 029 3
	小计	7. 907 2	6. 208 6	4. 936 4	3. 724 8	4. 356 4	4. 153 1	4. 955 0
黄河流域	小浪底—花园口区间	0. 042 2	0. 042 4	0. 040 3	0. 032 5	0. 036 6	0. 031 2	0. 037 0
	金堤河天然文岩渠区	3. 029 5	3. 040 3	2. 890 0	2. 331 5	2. 622 0	2. 240 8	2. 654 2
	花园口以下干流区	0. 375 0	0. 376 4	0. 357 7	0. 288 6	0. 324 6	0. 277 4	0. 328 6
	小计	3. 446 7	3. 459 0	3. 288 0	2. 652 7	2. 983 2	2. 549 4	3. 019 7
新乡市		11. 353 9	9. 667 6	8. 224 4	6. 377 5	7. 339 6	6. 702 5	7. 974 8

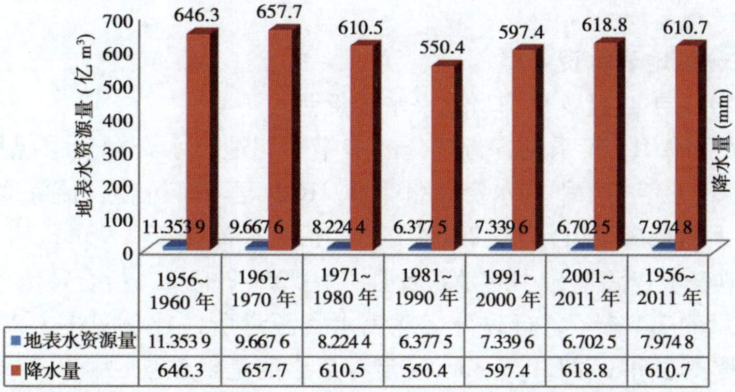

图 6-21　新乡市不同年代降水量和地表水资源量对比

根据 1956～2011 年系列地表水资源量用矩法计算均值和变差系数 C_v。采用 C_s/C_v = 2～2. 5，保持均值不变，通过 P－Ⅲ型曲线适线确定 C_v 值。适线时主要按平、枯水年点据的趋势定线，特大、特小值不作处理，由均值、C_v 和 C_s 求得不同频率的地表水资源量，计算结果见表 6-31。可见，P = 20% 时，新乡市全市地表水资源量为 11. 244 1 亿 m^3，比多年平均偏大 41. 0%；黄河流域约为 4. 26 亿 m^3，比多年平均偏大 41. 0%，海河流域约为 7. 30 亿 m^3，比多年平均偏大 47. 29%。P = 75% 时，全市地表水资源量约为 4. 75 亿 m^3，比多年平均偏小 40. 38%，其中，黄河流域约为 1. 80 亿 m^3，比多年平均偏小 40. 38%，海河流域约为 2. 28 亿 m^3，比多年平均偏小 53. 95%。P = 95% 时，全市地表水资源量约为 2. 36 亿 m^3，比多年平均偏小 70. 41%，其中黄河流域约为 0. 89 亿 m^3，比多年平均偏小 70. 41%，海河流域约为 1. 27 亿 m^3，比多年平均偏小 74. 43%。

表 6-31　新乡市流域分区 1956～2011 年系列地表水资源量特征值成果

流域分区		面积(km^2)	统计参数			不同频率地表水资源量(亿 m^3)			
			均值(亿 m^3)	C_v	C_s/C_v	20%	50%	75%	95%
海河流域	漳卫河山区	1 560	2.925 7	0.70	2.5	4.260 0	2.362 8	1.440 1	0.800 1
	漳卫河平原区	2 158	2.029 3	0.73	2.5	2.977 5	1.605 3	0.957 1	0.530 8
	小计	371 8	4.955 0	0.75	2.5	7.298 5	3.872 9	2.281 9	1.267 0
黄河流域	小浪底—花园口区间	53	0.037 0	0.51	2.0	0.051 2	0.033 8	0.023 2	0.012 3
	金堤河天然文岩渠区	3 801	2.654 2	0.51	2.0	3.676 4	2.428 0	1.662 3	0.881 6
	花园口以下干流区	677	0.328 6	0.51	2.0	0.445 1	0.300 6	0.205 8	0.109 1
	小计	4 531	3.019 7	0.55	2.0	4.257 6	2.721 3	1.800 4	0.893 5
新乡市		8 249	7.974 8	0.55	2.0	11.244 1	7.186 7	4.754 7	2.359 7

(二)行政分区地表水资源量

1. 1980～2011 年系列多年平均地表水资源量

新乡市 1980～2011 年系列各行政分区多年平均地表水资源量情况见表 6-32,可见,新乡市 1980～2011 年多年平均水资源量为 6.716 9 亿 m^3,折合径流深 81.4 mm,其中地表水资源量最大的是辉县市,为 2.201 4 亿 m^3,折合径流深 130.9 mm,占全市地表水资源量的 32.8%;地表水资源量最小的是新乡县,为 0.254 3 亿 m^3,折合径流深 71.4 mm,占全市地表水资源量的 3.8%。各行政分区地表水资源量所占比例见图 6-22。行政分区中,径流深最大的是辉县市,为 130.9 mm,径流深最小的是封丘县,为 59.7 mm。

表 6-32　新乡市行政分区 1980～2011 年系列地表水资源量成果

行政分区	面积(km^2)	地表水资源量(亿 m^3)	径流深(mm)
市区	430	0.327 7	76.2
新乡县	356	0.254 3	71.4
卫辉市	865	0.935 5	108.1
辉县市	1 682	2.201 4	130.9
获嘉县	470	0.342 3	72.8
原阳县	1 319	0.759 6	57.6
延津县	886	0.557 9	63.0
封丘县	1 190	0.710 0	59.7
长垣县	1 051	0.628 2	59.8
新乡市	8 249	6.716 9	81.4

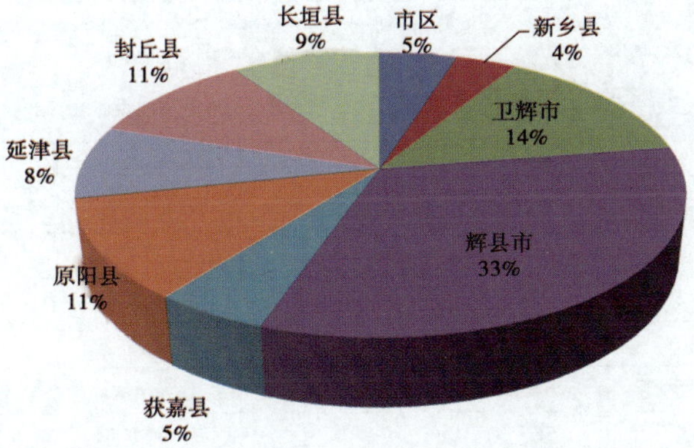

图 6-22　各行政分区地表水资源量占比

1980～2011 年系列多年平均地表水资源量与 1956～1979 年系列多年平均地表水资源量相比较，全市 1980～2011 年系列多年平均地表水资源量比 1956～1979 年系列多年平均地表水资源量偏小 30.4%；行政分区中偏小最多的是获嘉县，为 39.9%；偏小最少的是原阳县、封丘县和长垣县，均为 21.4%。各行政分区 1980～2011 年系列多年平均地表水资源量与 1956～1979 年系列多年平均地表水资源量比较分析结果详见表 6-33。

表 6-33　行政分区 1980～2011 年与 1956～1979 年系列地表水资源量对比

行政分区	1956～1979 年（亿 m^3）	1980～2011 年（亿 m^3）	偏差值（亿 m^3）	相对偏差（%）
市区	0.536 2	0.327 7	－0.208 5	－38.9
新乡县	0.411 0	0.254 3	－0.156 7	－38.1
卫辉市	1.437 7	0.935 5	－0.502 2	－34.9
辉县市	3.310 4	2.201 5	－1.108 9	－33.5
获嘉县	0.569 2	0.342 3	－0.226 9	－39.9
原阳县	0.966 5	0.759 6	－0.206 9	－21.4
延津县	0.719 5	0.557 9	－0.161 6	－22.5
封丘县	0.902 8	0.710 0	－0.192 8	－21.4
长垣县	0.798 8	0.628 2	－0.170 6	－21.4
新乡市	9.652 0	6.717 0	－2.935 1	－30.4

1980～2011 年与 1956～1979 年系列各行政分区的对比结果见表 6-34，可见，无论是从降水量上还是地表水资源量上，1980～2011 年系列均比 1956～1979 年系列偏小，其中降水量偏小 8.7%，地表水资源量偏小 30.4%，且地表水资源量的减少与降水的减少地区分布不一致。降水量减少最大的地区是辉县市，减少了 10.8%，而地表水资源量减少程度最大的区域是获嘉县，减少了 39.9%。

表 6-34　新乡市降水量与地表水资源量 1956～1979 年与 1980～2011 年系列对比

行政分区	降水量(mm)			地表水资源量(亿 m^3)		
	1956～1979 年	1980～2011 年	相对偏差(%)	1956～1979 年	1980～2011 年	相对偏差(%)
市区	629.0	579.6	-7.9	0.536 2	0.327 7	-38.9
新乡县	622.5	574.5	-7.7	0.411 0	0.254 3	-38.1
卫辉市	677.1	611.5	-9.7	1.437 7	0.935 5	-34.9
辉县市	711.1	634.3	-10.8	3.310 4	2.201 5	-33.5
获嘉县	623.7	576.3	-7.6	0.569 2	0.342 3	-39.9
原阳县	614.5	558.5	-9.1	0.966 5	0.759 6	-21.4
延津县	615.2	563.6	-8.4	0.719 5	0.557 9	-22.5
封丘县	614.9	560.9	-8.8	0.902 8	0.710 0	-21.4
长垣县	614.9	560.9	-8.8	0.798 8	0.628 2	-21.4
新乡市	642.6	586.8	-8.7	9.652 0	6.716 9	-30.4

2. 1956～2011 年系列多年平均地表水资源量

新乡市全市 1956～2011 年系列地表水资源情况见表 6-35，可见，多年平均地表水资源量约为 7.97 亿 m^3，折合径流深 96.7 mm。最大地表水资源量为 1963 年的 24.190 3 亿 m^3，最小为 1997 年的 1.937 5 亿 m^3，极值比为 12.5。因此，地表水资源量的年际变化丰枯极不均匀，丰枯倍比较大，其中丰枯倍比最大的是新乡市区，多年平均地表水资源量 0.42 亿 m^3，折合径流深 97.0 mm，最大地表水资源量为 1963 年的 1.757 4 亿 m^3，最小为 1986 年的 0.094 9 亿 m^3，极值比为 18.5；极值比最小的是延津县，多年平均地表水资源量为 0.627 2 亿 m^3，折合径流深 70.8 mm，最大地表水资源量为 1964 年的 1.491 6 亿 m^3，最小为 1981 年的 0.132 0 亿 m^3，极值比为 11.3。

表 6-35　新乡市行政分区 1956～2011 年系列地表水资源量

行政分区	计算面积(km^2)	地表水资源量(亿 m^3)	径流深(mm)	最大地表水资源量(亿 m^3)	最小地表水资源量(亿 m^3)	极值比
市区	430	0.417 0	97.0	1.757 4	0.094 9	18.5
新乡县	356	0.321 5	90.3	1.319 0	0.073 5	17.9
卫辉市	865	1.150 7	133.0	4.196 6	0.286 5	14.6
辉县市	1 682	2.676 7	159.1	9.232 9	0.599 8	15.4
获嘉县	470	0.439 5	93.5	1.916 9	0.097 9	19.6
原阳县	1 319	0.848 3	64.3	1.996 3	0.167 7	11.9
延津县	886	0.627 2	70.8	1.491 6	0.132 0	11.3
封丘县	1 190	0.792 6	66.6	1.864 5	0.155 6	12.0
长垣县	1 051	0.701 3	66.7	1.649 7	0.137 7	12.0
新乡市	8 249	7.974 8	96.7	24.190 3	1.937 5	12.5

新乡市1956~2011年系列地表水资源量中最大地表水资源量出现在1963年,最小地表水资源量出现在1997年。行政分区各代表县、市区1956~2011年系列地表水资源量中,最大地表水资源量都出现在1963年和1964年,最小地表水资源量分别出现在1981年、1986年和1997年。丰、枯年份地表水资源量相差悬殊,两个流域的丰、枯水年份会出现不同步现象。

从地表水资源量的年代变化情况分析来看,全市地表水资源量与降水量基本对应,20世纪50年代最大,80年代最小,70年代最接近多年平均值。其他各县市区的变化情况与其流域的变化情况基本一致,各行政分区不同年代地表水资源量详见表6-36。

表6-36　新乡市行政分区不同年代地表水资源量对比　(单位:亿 m^3)

行政分区	1956~1960年	1961~1970年	1971~1980年	1981~1990年	1991~2000年	2001~2011年	1956~2011年
市区	0.557 2	0.569 8	0.458 9	0.246 1	0.370 4	0.374 3	0.417 0
新乡县	0.411 4	0.439 0	0.358 6	0.189 2	0.288 6	0.290 1	0.321 5
卫辉市	1.839 6	1.432 0	1.142 6	0.878 2	1.014 1	0.961 0	1.150 7
辉县市	4.581 4	3.205 1	2.538 5	2.223 3	2.346 7	2.168 4	2.676 7
获嘉县	0.569 7	0.611 7	0.491 7	0.243 7	0.390 0	0.399 6	0.439 5
原阳县	0.968 5	0.972 1	0.923 7	0.744 5	0.837 8	0.716 3	0.848 3
延津县	0.721 0	0.726 6	0.683 9	0.540 1	0.616 2	0.531 6	0.627 2
封丘县	0.904 7	0.907 9	0.863 0	0.696 3	0.783 0	0.669 2	0.792 6
长垣县	0.800 5	0.803 3	0.763 6	0.616 1	0.692 8	0.592 1	0.701 3
新乡市	11.354 0	9.667 5	8.224 5	6.377 5	7.339 6	6.702 5	7.974 8

(三)成果合理性分析

根据1956~2011年系列地表水资源量,用矩法计算均值和变差系数 C_v,采用 C_s/C_v = 2~2.5,保持均值不变,通过P-Ⅲ型曲线适线确定 C_v 值。适线时主要照顾平、枯水年点据的趋势定线,特大、特小值不作处理,由均值、C_v 和 C_s 求得不同频率的地表水资源量,各行政分区不同频率年径流量计算结果见表6-37。

可见,$P=20\%$ 时,新乡市全市地表水资源量为11.244 1亿 m^3,比多年平均偏大41.0%;其中,比多年平均值偏大最多的是获嘉县,偏大46.5%,比多年平均值偏大最少的是封丘县,偏大37.9%。$P=75\%$ 时,全市的地表水资源量为4.754 7亿 m^3,比多年平均偏小40.4%,其中比多年平均值偏小最多的是新乡县,偏小50.8%;比多年平均值偏小最少的是封丘县,偏小36.6%。$P=95\%$ 时,全区的地表水资源量为2.359 7亿 m^3,比多年平均偏小70.4%;其中比多年平均值偏小最多的是新乡县,偏小73.0%,比多年平均值偏小最少的是封丘县,偏小65.8%。

1956~1979年系列与1980~2011年系列,流域分区多年平均地表水资源量在地区上的分布与分区降水量分布规律基本一致,都呈现北部大于南部、山区大于平原的规律。

表 6-37　新乡市行政分区 1956 ~ 2011 年系列地表水资源量特征值

行政分区	计算面积(km^2)	统计参数			不同频率地表水资源量(亿 m^3)			
		地表水资源量(亿 m^3)	C_v	C_s/C_v	20%	50%	75%	95%
市 区	430	0.417 0	0.70	2.5	0.607 8	0.337 1	0.205 4	0.114 1
新乡县	356	0.321 5	0.70	2.5	0.468 6	0.260 1	0.158 1	0.086 7
卫辉市	865	1.150 7	0.66	2.5	1.657 6	0.952 3	0.597 0	0.334 6
辉县市	1 682	2.676 7	0.68	2.5	3.875 1	2.191 4	1.356 3	0.756 5
获嘉县	470	0.439 5	0.73	2.5	0.643 9	0.349 3	0.209 3	0.116 2
原阳县	1 319	0.848 3	0.51	2.0	1.173 9	0.776 5	0.532 6	0.283 3
延津县	886	0.627 2	0.51	2.0	0.866 8	0.574 8	0.395 2	0.211 3
封丘县	1 190	0.792 6	0.50	2.0	1.092 8	0.727 6	0.502 4	0.270 7
长垣县	1 051	0.701 3	0.51	2.0	0.970 5	0.642 0	0.440 3	0.234 2
新乡市	8 249	7.974 8	0.55	2.0	11.244 1	7.186 7	4.754 7	2.359 7

点绘 1956 ~ 2011 年系列新乡市年降水径流关系线，检查点线配合程度及有无系统偏离现象，本次对新乡市全市进行年降水径流关系检查分析，对突出点据进行核查对比分析，从检查结果看新乡市全市降水径流关系拟合程度均较好。新乡市降水径流关系检查分析见图 6-23。

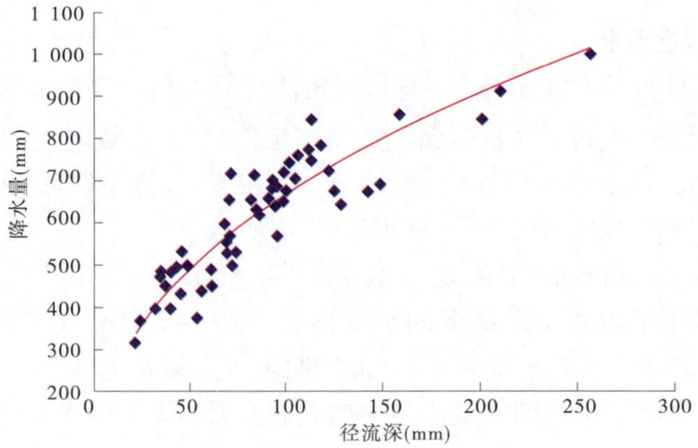

图 6-23　新乡市降水径流关系

可见，降水径流关系单一，符合所在区域的降水径流变化关系，采用 1956 ~ 2011 年系列值是合理的。

与第一次地表水资源对比结果分别见表 6-38 和表 6-39，可见，全市 1956 ~ 2011 年系列多年平均地表水资源量比1956～1979年系列多年平均地表水资源量偏小17.4%，其中海河流域偏小20.2%，黄河流域偏小12.2%。

各行政分区和各流域分区1956～2011年系列与1956～1979年系列相比较也都有不同程度的偏小，在流域三级分区中：漳卫河平原区偏小最多，偏小22.9%，黄河流域的三个区偏小最少，偏小12.2%；行政分区中：获嘉县偏小最多，偏小22.8%，原阳县、封丘县和长垣县偏小最少，偏小12.2%。

表6-38　新乡市流域分区多年平均地表水资源量比较

流域分区		面积（km^2）	1956～2011年（亿m^3）	1956～1979年（亿m^3）	偏差值（亿m^3）	相对偏差（%）
海河流域	漳卫河山区	1 560	2.925 7	3.579 4	－0.653 7	－18.3
	漳卫河平原区	2 158	2.029 3	2.633 1	－0.603 8	－22.9
	小计	3 718	4.955 0	6.212 6	－1.257 5	－20.2
黄河流域	小浪底—花园口区间	53	0.037 0	0.042 2	－0.005 1	－12.2
	金堤河天然文岩渠区	3 801	2.654 2	3.023 1	－0.368 9	－12.2
	花园口以下干流区	677	0.328 6	0.374 2	－0.045 7	－12.2
	小计	4 531	3.019 8	3.439 5	－0.419 7	－12.2
新乡市		8 249	7.974 8	9.652 0	－1.677 2	－17.4

表6-39　新乡市行政分区多年平均地表水资源量比较

行政分区	面积（km^2）	1956～2011年（亿m^3）	1956～1979年（亿m^3）	偏差值（亿m^3）	相对偏差（%）
市区	430	0.417 0	0.536 2	－0.119 2	－22.2
新乡县	356	0.321 5	0.411 0	－0.089 5	－21.8
卫辉市	865	1.150 7	1.437 7	－0.287 0	－20.0
辉县市	1 682	2.676 7	3.310 4	－0.633 7	－19.1
获嘉县	470	0.439 5	0.569 2	－0.129 7	－22.8
原阳县	1 319	0.848 3	0.966 5	－0.118 2	－12.2
延津县	886	0.627 2	0.719 5	－0.092 3	－12.8
封丘县	1 190	0.792 6	0.902 8	－0.110 2	－12.2
长垣县	1 051	0.701 3	0.798 8	－0.097 5	－12.2
新乡市	8 249	7.974 8	9.652 1	－1.677 2	－17.4

三、入境水量

新乡市的入境水量是指由境外汇入市域的水量。新乡市南邻黄河，黄河干流调入新乡市的水量有口门控制，按引水量计算，不计入入境水量。市域内黄河流域的各河源头皆在本市域内，没有入境水量。因此，新乡市的入境水量只有海河流域卫河上游和香木河上游汇入新乡市的水量。

根据流域资料及在1∶50 000地图上量算得出，香木河汇入新乡市的境外面积为85 km^2，卫河汇入新乡市的境外面积为2 302 km^2，海河流域合计汇入新乡市的境外流域面积为2 387 km^2。

大沙河是卫河上游干流，由焦作市进入新乡市，修武水文站是大沙河上唯一有实测流量资料的水文站，本次入境水量计算以修武水文站为代表站，以修武站的实测径流量代表该断面控制流域面积上的水量，用面积比拟法计算海河流域的入境水量。

近些年流域内各类坝、闸等蓄水工程的兴建，很大程度上改变了流域原来下垫面的汇流特性，21世纪以前下垫面条件下的实测流量很难反映现在河道的径流规律，因此本次计算选用进入21世纪以来修武站11年的实测径流资料，分析、推算新乡市的入境水量。

修武水文站控制流域面积为1 287 km^2，修武水文站2001～2011年系列实测年径流量平均值为12 355万m^3。将修武水文站所控制流域面积的多年平均实测径流量，同比放大到海河流域汇入新乡市的流域面积上，可得新乡市多年平均年入境水量为22 916万m^3，详见表6-40。

表6-40 新乡市入境水量计算

河流	域外面积（km^2）	推算入境水量（万m^3）	参证站	控制面积（km^2）	平均径流量（万m^3）
香木河	85	816	修武	1 287	12 355
卫河	2 302	22 100			
合计	2 387	22 916			

第四节　地下水资源评价

浅层地下水资源是指赋存于地面以下饱水带岩土空隙中参与水循环的、和大气降水及当地地表水关系密切并可以逐年更新的动态重力水。本次评价对近期下垫面条件下多年平均（1980～2011年，下同）浅层地下水资源量及其分布特征进行全面评价。

本次以东孟姜女河东边为界分为东、西两片，西北面是海河流域片，东南面是黄河流域片。结合全国第二次水资源评价中的三级分区，西片海河流域分为漳卫河山区、漳卫河平原区；东片黄河流域分为小浪底—花园口干流区、金堤河天然文岩渠区、花园口以下干流区三个三级区。

一、计算分区

计算分区指水资源四级分区套县市行政区后的五级分区，是进行各项评价成果统计的最小单元。全市分为20个计算分区，详见表6-41和图6-25。

表6-41　五级分区地下水计算面积统计　（单位：km^2）

流域	流域三级区	流域四级区	五级区编码	计算面积
海河流域	漳卫河山区	卫河山区		1 560
	漳卫河平原	卫河平原区	C0307－6	308
			C0307－7	677
			C0307－8	736
			C0307－9	166
			C0307－10	30
			C0307－11	25
	流域合计			3 502
黄河流域	小浪底—花园口干流区	小浪底—花园口干流区	D0604－01	34
	金堤河天然文岩渠区	金堤河天然文岩渠区	D0701－03	119
			D0701－04	180
			D0701－05	65
			D0701－06	30
			D0701－07	257
			D0701－08	473
			D0701－09	821
			D0701－10	331
			D0701－11	344
			D0701－12	581
			D0701－13	221
	花园口以下干流区	花园口以下干流区	D0703－01	454
	流域合计			3 909
全市	合计			7 411

（一）计算面积

平原区的计算面积，是各分区的平原区总面积扣除水面和不透水面积（含水面、城镇、乡村建筑占地、公路面积等）后的剩余面积。海河流域扣除水面和不透水面积后的计算面积为3 502 km^2，黄河流域为3 909 km^2。

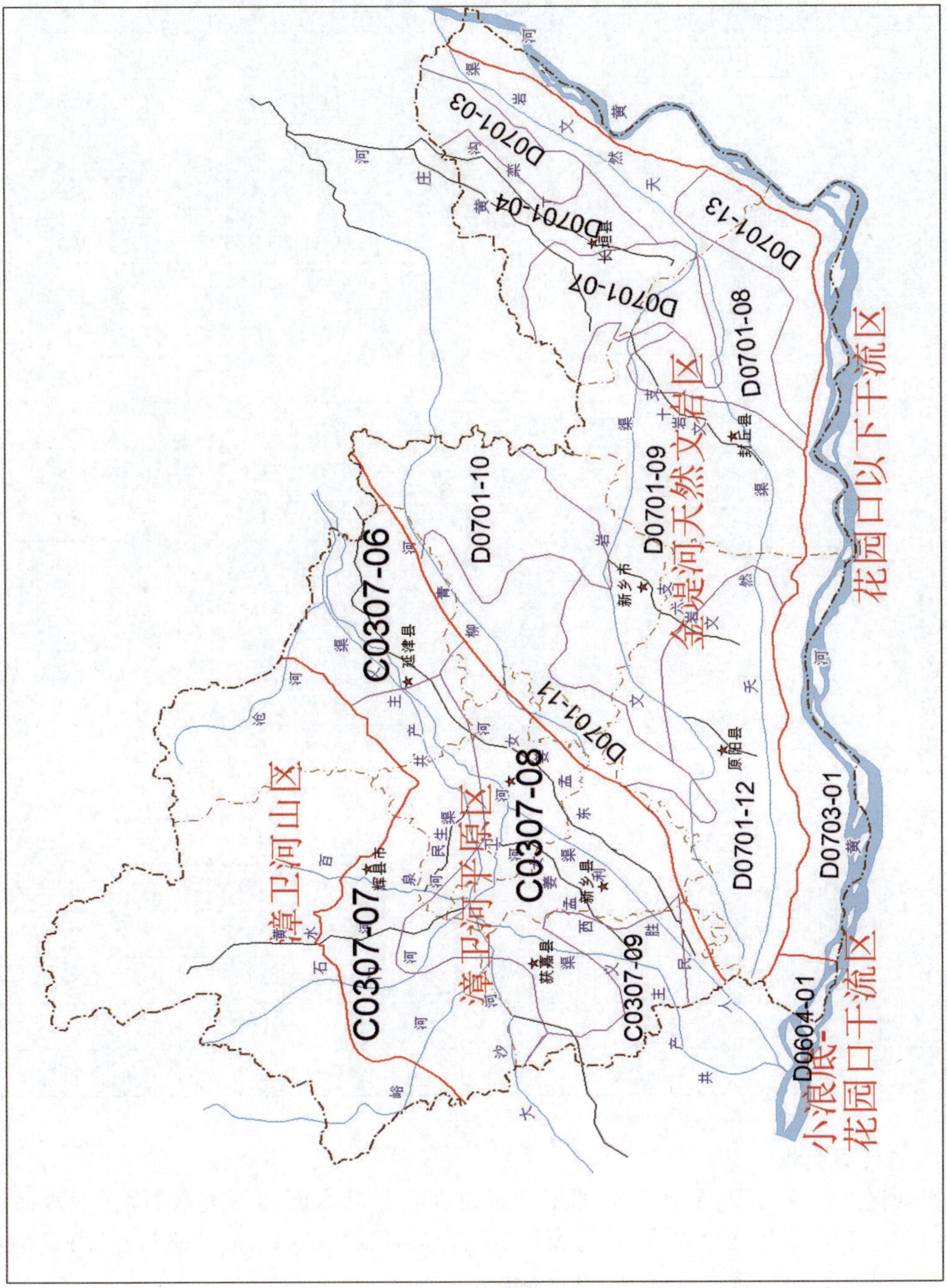

图 6-24 新乡市地下水水资源评价类型分区

山丘区的计算面积为总面积(未扣除水库面积)1 560 km^2。

(二)水文地质参数

水文地质参数是浅层地下水各项补给量、排泄量以及地下水蓄变量计算的重要依据，其值准确与否直接影响评价成果的可靠性。为确保计算参数的准确性，采用多种方法进行综合分析，选取符合当地 1980～2011 年期间下垫面条件下的参数值。

1. 给水度 μ 值

给水度 μ 是指饱和岩土在重力作用下自由排出水的体积($V_{水}$)与该饱和岩土体积(V)的比值。它是浅层地下水资源评价中的重要参数。其值主要与岩性、结构等因素有关。

目前，关于给水度 μ 值的试验研究还不够充分，各种 μ 值的计算方法还存在一些问题，也影响了给水度 μ 值的精度。因此，对于 μ 值的确定宜采用多种方法来综合分析确定。在分析 μ 值时，主要选取符合近期下垫面条件下的资料，并结合相邻地区的 μ 值进行综合分析对比，最后确定其合理的取用值。

通过选用五日井和逐日井，以地下水动态法(图解法)分析 μ 值。

本书采用动态资料分析法、抽水试验多种方法来综合分析计算 μ 值，以便相互对比验证，并充分利用已有的参数分析成果和结合相邻地区的 μ 值进行综合分析对比，同时参照以往给水度试验资料和其他部门的成果，协调确定其合理的取用值，具体结果见表 6-42。

表 6-42　平原区给水度 μ 取值

岩性	粉细砂	亚砂土	亚砂土、亚黏土互层	亚黏土
取值	0. 06	0. 045	0. 04	0. 035

2. 降水入渗补给系数 α 值

降水入渗补给系数 α 是指降水入渗补给量 P_r 与相应降水量 P 的比值。它主要受包气带岩性、地下水埋深、降水量大小和强度、土壤前期含水量、微地形地貌、植被及地表建筑设施等因素的影响。

α 值主要采用近期地下水水位动态资料计算确定。采用多眼五日井，利用近期地下水位动态资料，计算逐年平均单井(站)α 值。然后以降雨量为参数，编制不同包气带岩性的地下水年均埋深 Z 与 α 值之间的关系表，并绘制 $P_{年}\sim\alpha_{年}\sim Z_{平均}$ 关系曲线，再根据包气带不同岩性关系曲线，推求不同 P、Z 条件下的 α 值。本次采用的 α 值计算成果是河南省水文水资源局全国第二次水资源评价时分析计算的成果，详见表 6-43。

表 6-43　平原区降水入渗系数 $\alpha_{年}$ 值成果

岩性	降水量（mm）	不同埋深降水入渗系数 $\alpha_{年}$ 值						
		0 ~ 1 m	1 ~ 2 m	2 ~ 3 m	3 ~ 4 m	4 ~ 5 m	5 ~ 6 m	>6 m
亚黏土	300 ~ 400	0 ~ 0.07	0.06 ~ 0.15	0.13 ~ 0.16	0.15 ~ 0.12	0.12 ~ 0.10	0.10 ~ 0.08	0.08 ~ 0.07
	400 ~ 500	0 ~ 0.09	0.08 ~ 0.15	0.14 ~ 0.16	0.16 ~ 0.13	0.13 ~ 0.11	0.12 ~ 0.09	0.10 ~ 0.08
	500 ~ 600	0 ~ 0.10	0.09 ~ 0.16	0.15 ~ 0.17	0.17 ~ 0.14	0.15 ~ 0.13	0.14 ~ 0.10	0.11 ~ 0.09
	600 ~ 700	0 ~ 0.12	0.11 ~ 0.18	0.17 ~ 0.20	0.20 ~ 0.17	0.18 ~ 0.15	0.16 ~ 0.12	0.12 ~ 0.10
	700 ~ 800	0 ~ 0.14	0.13 ~ 0.20	0.19 ~ 0.23	0.23 ~ 0.19	0.20 ~ 0.17	0.17 ~ 0.14	0.13 ~ 0.11
	800 ~ 900	0 ~ 0.15	0.14 ~ 0.21	0.20 ~ 0.25	0.25 ~ 0.21	0.22 ~ 0.18	0.18 ~ 0.15	0.14 ~ 0.13
	900 ~ 1 100	0 ~ 0.14	0.12 ~ 0.19	0.17 ~ 0.22	0.22 ~ 0.17	0.18 ~ 0.13	0.14 ~ 0.10	0.14 ~ 0.10
	1 100 ~ 1 300	0 ~ 0.13	0.11 ~ 0.18	0.16 ~ 0.20	0.20 ~ 0.16	0.16 ~ 0.12	0.13 ~ 0.09	0.13 ~ 0.09
亚砂土、亚黏土互层	300 ~ 400	0 ~ 0.09	0.09 ~ 0.15	0.15 ~ 0.17	0.17 ~ 0.12	0.13 ~ 0.10	0.11 ~ 0.08	0.09 ~ 0.07
	400 ~ 500	0 ~ 0.10	0.10 ~ 0.16	0.16 ~ 0.19	0.19 ~ 0.14	0.16 ~ 0.13	0.14 ~ 0.10	0.10 ~ 0.08
	500 ~ 600	0 ~ 0.12	0.11 ~ 0.18	0.17 ~ 0.21	0.21 ~ 0.16	0.18 ~ 0.15	0.16 ~ 0.12	0.12 ~ 0.09
	600 ~ 700	0 ~ 0.15	0.13 ~ 0.21	0.20 ~ 0.23	0.23 ~ 0.18	0.20 ~ 0.16	0.17 ~ 0.14	0.14 ~ 0.10
	700 ~ 800	0 ~ 0.16	0.14 ~ 0.23	0.22 ~ 0.25	0.25 ~ 0.21	0.22 ~ 0.17	0.18 ~ 0.15	0.15 ~ 0.12
	800 ~ 900	0 ~ 0.17	0.15 ~ 0.24	0.23 ~ 0.26	0.26 ~ 0.23	0.23 ~ 0.18	0.19 ~ 0.16	0.16 ~ 0.13
	1 000 ~ 1 500							
亚砂土	300 ~ 400	0 ~ 0.10	0.09 ~ 0.17	0.17 ~ 0.19	0.19 ~ 0.16	0.16 ~ 0.13	0.13 ~ 0.12	0.12 ~ 0.08
	400 ~ 500	0 ~ 0.12	0.10 ~ 0.19	0.18 ~ 0.21	0.21 ~ 0.17	0.17 ~ 0.14	0.15 ~ 0.12	0.13 ~ 0.09
	500 ~ 600	0 ~ 0.14	0.12 ~ 0.21	0.20 ~ 0.23	0.23 ~ 0.19	0.20 ~ 0.16	0.17 ~ 0.14	0.15 ~ 0.12
	600 ~ 700	0 ~ 0.16	0.15 ~ 0.22	0.21 ~ 0.25	0.25 ~ 0.22	0.23 ~ 0.19	0.19 ~ 0.16	0.17 ~ 0.14
	700 ~ 800	0 ~ 0.17	0.16 ~ 0.23	0.23 ~ 0.27	0.27 ~ 0.24	0.25 ~ 0.21	0.21 ~ 0.18	0.19 ~ 0.15
	800 ~ 900	0 ~ 0.17	0.15 ~ 0.25	0.24 ~ 0.28	0.28 ~ 0.26	0.27 ~ 0.23	0.23 ~ 0.19	0.20 ~ 0.16
	900 ~ 1100	0 ~ 0.16	0.16 ~ 0.22	0.21 ~ 0.24	0.24 ~ 0.18	0.21 ~ 0.16	0.20 ~ 0.15	0.20 ~ 0.15
	1 100 ~ 1 300	0 ~ 0.15	0.14 ~ 0.20	0.16 ~ 0.23	0.22 ~ 0.16	0.20 ~ 0.14	0.19 ~ 0.14	0.19 ~ 0.14
粉细砂	300 ~ 400	0 ~ 0.14	0.13 ~ 0.21	0.20 ~ 0.25	0.25 ~ 0.23	0.24 ~ 0.20	0.20 ~ 0.16	0.17 ~ 0.14
	400 ~ 500	0 ~ 0.15	0.14 ~ 0.24	0.23 ~ 0.27	0.27 ~ 0.24	0.25 ~ 0.21	0.22 ~ 0.18	0.19 ~ 0.15
	500 ~ 600	0 ~ 0.18	0.17 ~ 0.25	0.24 ~ 0.28	0.28 ~ 0.25	0.26 ~ 0.22	0.23 ~ 0.19	0.20 ~ 0.16
	600 ~ 700	0 ~ 0.18	0.18 ~ 0.27	0.26 ~ 0.32	0.32 ~ 0.26	0.27 ~ 0.23	0.24 ~ 0.20	0.21 ~ 0.17
	700 ~ 800	0 ~ 0.18	0.17 ~ 0.27	0.26 ~ 0.32	0.32 ~ 0.26	0.27 ~ 0.23	0.24 ~ 0.20	0.21 ~ 0.16
	800 ~ 900	0 ~ 0.17	0.16 ~ 0.27	0.26 ~ 0.31	0.31 ~ 0.26	0.27 ~ 0.23	0.24 ~ 0.20	0.21 ~ 0.16
	1 000 ~ 1 500							

3. 潜水蒸发系数 C 值

潜水蒸发系数 C 是指计算时段内潜水蒸发量 E 与相应时段的水面蒸发量 E_0 的比值。潜水蒸发量主要受水面蒸发量、包气带岩性、地下水埋深、植被状况等的影响。分别利用地下水水位动态资料，通过潜水蒸发经验公式，分析计算不同岩性、有无作物的情况下的 C 值。

包气带不同岩性潜水蒸发系数 C 值见表 6-44。

表 6-44　潜水蒸发系数 C 取值

岩性	有无作物	不同埋深 C 值							
		0.5 m	1.0 m	1.5 m	2.0 m	2.5 m	3.0 m	3.5 m	4.0 m
黏性土	无	0.10～0.35	0.05～0.20	0.02～0.09	0.01～0.05	0.01～0.03	0.01～0.02	0.01～0.015	0.01
	有	0.35～0.65	0.20～0.35	0.09～0.18	0.05～0.11	0.03～0.05	0.02～0.04	0.015～0.03	0.01～0.03
砂性土	无	0.40～0.50	0.20～0.40	0.10～0.20	0.03～0.15	0.03～0.10	0.02～0.05	0.01～0.03	0.01～0.03
	有	0.50～0.70	0.40～0.55	0.20～0.40	0.15～0.30	0.10～0.20	0.05～0.10	0.03～0.07	0.01～0.03

4. 灌溉入渗补给系数 β 值

灌溉入渗补给系数 β 是指田间灌溉入渗补给量 h_r 与进入田间的灌水量 $h_{灌}$（渠灌时，$h_{灌}$ 为进入斗渠的水量；井灌时，$h_{灌}$ 为实际开采量）的比值，参考历次试验、研究资料分析 $\beta_{渠}$ 值。平原区灌溉入渗补给系数 $\beta_{值}$ 见表 6-45。

表 6-45　田间灌溉入渗系数 β 值取值

灌区类型	岩性	灌溉定额 (m^3/(亩·次))	不同地下水埋深的 β 值				
			1～2 m	2～3 m	3～4 m	4～6 m	>6 m
井灌	黏性土	40～50	0.20	0.18	0.15	0.13	0.10
	砂性土	40～50	0.22	0.20	0.18	0.15	0.13
渠灌	黏性土	50～70	0.22	0.20	0.18	0.15	0.12
	砂性土	50～70	0.27	0.25	0.23	0.20	0.17

注：本表黏性土是指田间土壤以亚黏土为主，砂性土是指田间土壤以亚砂土为主。

5. 渠系渗漏补给系数 m 值

渠系渗漏补给系数 m 是指渠系渗漏补给量 $Q_{渠系}$ 与渠首引水量 $Q_{渠首引}$ 的比值。它主要受渠道衬砌程度、渠道两岸包气带和含水层岩性特征、地下水埋深、包气带含水量、水面蒸发强度以及渠系水位和过水时间等影响。

渠系渗漏补给系数 m 值见表 6-46。

表 6-46　渠系渗漏补给系数 m 值取值

灌区类型	η	γ	m
引黄灌区	0.40～0.60	0.35～0.45	0.14～0.27
其他一般灌区	0.35～0.50	0.35～0.45	0.18～0.29

6. 渗透系数 K 值

渗透系数 K 为水力坡降等于 1 时的渗透速度。它的大小主要受含水层岩性颗粒大小、级配和结构特征的影响。本次评价根据以往抽水试验成果分析 K 值，平原区不同岩性的 K 值见表 6-47。

表 6-47 渗透系数 K 值

岩性	K 值 (m/d)	岩性	K 值 (m/d)
黏土	<0.1	中细砂	8～15
亚黏土	0.1～0.25	中粗砂	15～25
亚砂土	0.25～0.50	含砾中细砂	30
粉细砂	1.0～8.0	砂砾石	50～100
细砂	5.0～10.0	砂卵/砾石	100～200

二、地下水资源量与地区分布

(一)1980～2011 年系列平均浅层地下水资源量

全市分区包括山丘区和平原区两部分构成的多年平均地下水资源量，全市 1980～2011 年多年平均浅层地下水资源量为 113 098 万 m^3/a，其中，山丘区为 26 227 万 m^3/a，平原区为 112 477 万 m^3/a；海河流域为 53 965 万 m^3/a，黄河流域为 59 133 万 m^3/a，详见表 6-47。

表 6-48 流域分区 1980～2011 年平均浅层地下水资源量计算成果

(单位：万 m^3/a)

流域分区		山丘区地下水资源量	平原区地下水资源量	平原区与山丘区重复量	分区地下水资源量
海河流域	漳卫河山区	26 227			26 227
	漳卫河平原区		40 501	12 763	27 738
	小　计	26 227	40 501	12 763	53 965
黄河流域	小浪底—花园口干流区间		427	48	379
	金堤河天然文岩渠区		63 897	11 678	52 219
	花园口以下干流区		7 652	1 117	6 535
	小　计		71 976	12 843	59 133
合　计		26 227	112 477	25 606	113 098

(二)1956～2011 年系列平均浅层地下水资源量

全市 1956～2011 年多年平均浅层地下水资源量为 115 922 万 m^3/a，其中海河流域为

54 633 万 m^3/a，黄河流域为 61 289 万 m^3/a，见表 6-49。

表 6-49 流域分区 1956～2011 年平均浅层地下水资源量计算成果

（单位：万 m^3/a）

流域分区		山丘区地下水资源量	平原区地下水资源量	平原区与山丘区重复量	分区地下水资源量
海河流域	漳卫河山区	27 649			27 649
	漳卫河平原区		39 398	12 414	26 984
	小 计	27 649	39 398	12 414	54 633
黄河流域	小浪底—花园口干流区		403	46	357
	金堤河天然文岩渠区		65 876	12 039	53 837
	花园口以下干流区		8 308	1 213	7 095
	小 计		74 587	13 298	61 289
合 计		27 649	113 985	25 712	115 922

根据 1956～2011 年地下水资源量系列，流域分区不同频率地下水资源量的计算采用矩法计算均值和变差系数 C_v，通过 P－Ⅲ型曲线适线后计算得到。适线时主要照顾平、枯水年点据的趋势定线，特大、特小值不作处理，由均值、C_v 和 C_s 求得不同频率的年径流值。计算结果见表 6-50。

表 6-50 流域分区 1956～2011 年系列地下水资源特征值

流域三级区	统计参数			不同频率年径流量（万 m^3）			
	年均地下水资源量（万 m^3）	C_v	C_s/C_v	20%	50%	75%	95%
漳卫河山区	27 649	0.24	3.0	32 879	26 859	22 850	18 249
漳卫河平原区	26 984	0.40	2.0	35 401	25 559	19 143	11 996
小浪底—花园口干流区	357	0.50	2.0	492	328	226	122
金堤河天然文岩渠区	53 837	0.35	1.5	68 027	52 195	40 394	25 897
花园口以下干流区	7 085	0.40	2.0	9 295	6 711	5 026	3 150
合计	115 922	0.30	2.0	143 725	112 463	90 969	65 230

由表 6-50 中 1956～2011 年系列地下水资源量不同频率计算成果可见，$P=20\%$ 时新乡市全区的地下水资源量为 14.372 5 亿 m^3，比多年平均偏大 24.0%。$P=75\%$ 时，新乡市全区的地下水资源量为 9.096 9 亿 m^3，比多年平均偏小 21.5%。$P=95\%$ 时，新乡市全区的地下水资源量为 6.523 0 亿 m^3，比多年平均偏小 43.7%。

表6-51为行政分区1956～2011年地下水资源量系列不同频率计算成果，可见，$P=20\%$时地下水资源量比多年平均值偏小最多的是新乡县和获嘉县，比多年平均偏大31.2%；比多年平均值偏大最少的是辉县市，比多年平均偏大17.7%。$P=75\%$时，比多年平均值偏小最多的也是新乡县和获嘉县，比多年平均偏小29.1%；比多年平均值偏小最少的是辉县市，比多年平均偏小15.7%。$P=95\%$时，比多年平均值偏小最多的也是新乡县和获嘉县，比多年平均偏小55.5%；比多年平均值偏小最少的是辉县市，比多年平均偏小32.4%。

表6-51　行政分区1956～2011年系列地下水资源特征值

行政分区	统计参数			不同频率年径流量(万 m^3)			
	年平均地下水资源量(万 m^3)	C_v	C_s/C_v	20%	50%	75%	95%
市区	5 511	0.38	2.0	7 152	5 248	3 993	2 574
新乡县	4 543	0.40	2.0	5 960	4 303	3 223	2 020
卫辉市	12 807	0.26	2.0	15 493	12 520	10 432	7 864
辉县市	27 144	0.22	2.5	31 945	26 599	22 875	18 339
获嘉县	5 893	0.40	2.0	7 732	5 582	4 181	2 620
原阳县	17 018	0.35	1.5	21 819	16 499	12 768	8 186
延津县	12 491	0.35	1.5	16 016	12 110	9 372	6 009
封丘县	16 192	0.35	1.5	20 760	15 698	12 149	7 789
长垣县	14 323	0.35	1.5	18 364	13 886	10 746	6 890
新乡市	115 922	0.30	2.0	143 725	112 463	90 969	65 230

各行政分区浅层地下水资源量占全市地下水资源量的比例如图6-26所示。辉县市占比例最大，占全市地下水资源的23.42%；新乡县占比例最小，仅占全市地下水资源的3.92%。

(三)地下水资源的地区分布

流域分区浅层地下水补给受地形地貌、地层岩性和结构、植被、水文气象、水利工程及灌溉方式等因素的制约，决定了各地的地下水资源量。

为了反映地下水资源分布规律，按总面积分别计算各区地下水模数值，见表6-52。全市行政区分区地下水资源模数为14.1万 $m^3/(a\cdot km^2)$。地下水资源模数最大的是辉县市，为16.1万 $m^3/(a\cdot km^2)$；最小的是获嘉县，为12.5万 $m^3/(a\cdot km^2)$。新乡市行政分区地下水资源模数见表6-53。

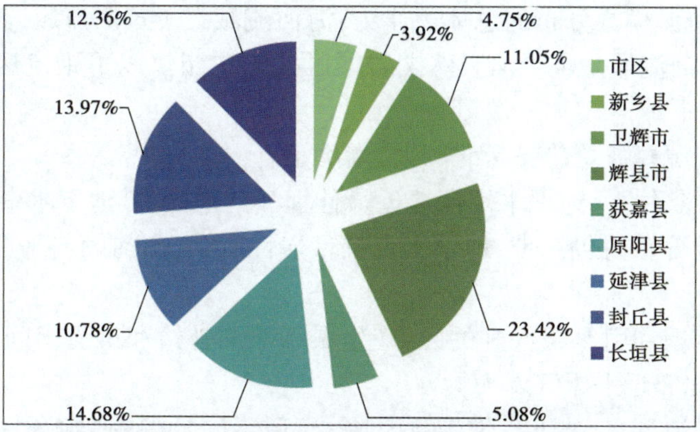

图 6-25　新乡市各行政分区浅层地下水资源量所占比例

表 6-52　新乡市流域分区地下水资源模数　（单位：万 $m^3/(a\cdot km^2)$）

流域分区		面积（km^2）	地下水资源量	地下水资源模数
海河流域	漳卫河山区	1 560	27 649	17. 7
	漳卫河平原区	2 158	26 984	12. 5
	小计	3 718	54 633	14. 7
黄河流域	小浪底—花园口干流区	53	357	6. 7
	金堤河天然文岩渠区	3 801	53 837	14. 2
	花园口以下干流区	677	7 095	10. 5
	小计	4 531	61 289	13. 5
合计		8 249	115 922	14. 1

表 6-53　新乡市行政分区地下水资源模数　（单位：万 $m^3/(a\cdot km^2)$）

行政分区	面积（km^2）	地下水资源量	地下水资源模数
市区	430	5 511	12. 8
新乡县	356	4 543	12. 8
卫辉市	865	12 807	14. 8
辉县市	1 682	27 144	16. 1
获嘉县	470	5 893	12. 5
原阳县	1 319	17 018	12. 9
延津县	886	12 491	14. 1
封丘县	1 190	16 192	13. 6
长垣县	1 051	14 323	13. 6
新乡市	8 249	115 922	14. 1

全市地下水资源模数分布的总体规律为：海河流域大于黄河流域，其中海河流域是山区大于平原区；黄河流域是金堤河天然文岩渠区大于花园口以下干流区与小浪底至花园口干流区，具体如下：

(1)地下水资源模数总趋势是北部大、南部小。

(2)相同岩性条件下，地下水埋深接近最佳埋深的地区，其地下水资源模数越大。

(3)资源模数分布与包气带、地下水变幅带岩性有关，山前倾斜平原比一般平原区资源模数要大。

(4)有大型灌区和引水条件好的区，产生渠系渗漏补给和渠灌田间入渗补给量大，使地下水资源模数比邻近平原区要大。

(5)超量开采地下水，地下水位连续下降，出现不同范围的"永久性"地下水漏斗区，由于地下水埋深大，一般的降雨量很难补充到漏斗区的地下水，漏斗区地下水资源模数比其他区要小。

第五节　水资源总量评价

一定区域内的水资源总量定义为：当地降水形成的地表径流量和地下产水量，即地表径流量与降水入渗补给地下水量之和。地表径流量包括坡面流和壤中流，但不包括河川基流；地下产水量指降水入渗对地下水的补给量，应为河川基流、潜水蒸发、河床潜流和山前侧渗等项之和。本次评价统一到近期下垫面条件下各分区 1956 ~ 2011 年系列的水资源总量。

一、水资源总量计算方法

根据降水、地表水、地下水的转化平衡关系，区域水资源总量可用下式计算：

$$W = R_s + P_r \quad 或 \quad W = R + P_r - R_g \tag{6-1}$$

式中：W 为水资源总量，亿 m^3；R_s 为地表径流量（不包括河川基流量），亿 m^3；R 为河川径流量（即地表水资源量），亿 m^3；P_r 为地下水的降水入渗补给量（山丘区用地下水总排泄量代替），亿 m^3；R_g 为河川基流量（平原区只计降水入渗补给量形成的河道排泄量），亿 m^3。

式(6-1)是将地表水和地下水统一考虑后，扣除地表水和地下水互相转化的重复量，来计算区域水资源总量。原则上适用于山丘、平原等各种类型区的水资源总量计算。

式(6-1)中各分量可直接采用地表水和地下水资源量评价的系列成果，新乡市 1956 ~ 2011 年系列地表水资源量采用第三节计算成果，降水入渗补给量及降水入渗形成的河川基流量系列成果采用第四节计算成果。

二、流域分区计算成果及对比分析

(一) 1980 ~ 2011 年系列水资源总量

全市 1980 ~ 2011 年系列多年平均水资源总量为 14.721 1 亿 m^3，产水模数 17.8 万

m^3/km^2，其中海河流域年平均水资源总量为 7.703 6 万 m^3，产水模数 20.7 万 m^3/km^2；黄河流域年平均水资源总量为 7.017 5 亿 m^3，产水模数 15.5 万 m^3/km^2。从产水模数情况看，海河流域产水模数比黄河流域产水模数要大，其中最大的是海河流域的漳卫河山区，为 25.9 万 m^3/km^2，产水模数最小的区是黄河流域的花园口以下干流区，为 12.0 万 m^3/km^2。新乡市流域分区 1980～2011 年系列多年平均水资源总量、产水模数详见表 6-54。

表 6-54　新乡市流域分区 1980～2011 年系列多年平均水资源总量成果

流域分区		面积（km^2）	水资源总量（万 m^3）	产水模数（万 m^3/km^2）
海河流域	漳卫河山区	1 560	4.042 4	25.9
	漳卫河平原区	2 158	3.661 2	17.0
	小计	3 718	7.703 6	20.7
黄河流域	小浪底—花园口干流区	53	0.065 0	12.3
	金堤河天然文岩渠区	3 801	6.142 8	16.2
	花园口以下干流区	677	0.809 7	12.0
	小计	4 531	7.017 5	15.5
新乡市		8 249	14.721 1	17.8

产水系数是水资源总量与降水量的比值。从产水系数分布情况看，全市 1980～2011 年系列多年平均产水系数为 0.292，海河流域多年平均产水系数为 0.336，黄河流域多年平均产水系数为 0.265。其中，产水系数最大的是海河流域的漳卫河山区，为 0.39；最小的是黄河流域的花园口以下干流区，为 0.207。新乡市流域分区 1980～2011 年系列多年平均水资源总量和产水系数详见表 6-55。

表 6-55　新乡市流域分区 1980～2011 年系列多年平均产水系数计算结果

流域分区		面积（km^2）	降水深（mm）	降水量（亿 m^3）	水资源总量（亿 m^3）	产水系数
海河流域	漳卫河山区	1 560	665.1	10.375 9	4.042 4	0.390
	漳卫河平原区	2 158	581.6	12.551 8	3.661 2	0.292
	小计	3 718	616.7	22.927 7	7.703 6	0.336
黄河流域	小浪底—花园口干流区	53	569.5	0.301 9	0.065 0	0.215
	金堤河天然文岩渠区	3 801	586.2	22.281 3	6.142 8	0.276
	花园口以下干流区	677	577.7	3.911 3	0.809 7	0.207
	小计	4 531	584.7	26.494 5	7.017 6	0.265
新乡市		8 249	610.7	50.375 3	14.721 2	0.292

1980～2011年系列多年平均水资源总量与1956～1979年系列多年平均水资源总量相比较，新乡市1980～2011年系列多年平均水资源总量比1956～1979年系列多年平均水资源总量偏小16.7%，其中海河流域偏小19.4%，黄河流域偏小13.6%。偏小最多的是漳卫河平原区，为20.2%；偏小最少的是小浪底—花园口干流区，为6.8%。流域各分区1980～2011年系列多年平均水资源总量与1956～1979年系列多年平均水资源总量比较情况详见表6-56。

表6-56 1980～2011年系列与1956～1979年系列多年平均水资源量对比

（单位：亿 m^3）

流域分区		1956～1979	1980～2011	偏差值	相对偏差(%)
海河流域	漳卫河山区	4.969 7	4.042 4	-0.927 3	-18.7
	漳卫河平原区	4.585 5	3.661 2	-0.924 3	-20.2
	小计	9.555 2	7.703 6	-1.851 6	-19.4
黄河流域	小浪底—花园口干流区	0.069 8	0.065 0	-0.004 7	-6.8
	金堤河天然文岩渠区	7.060 5	6.142 8	-0.917 7	-13.0
	花园口以下干流区	0.992 7	0.809 7	-0.183 0	-18.4
	小计	8.123 0	7.017 5	-1.105 4	-13.6
新乡市		17.678 2	14.721 1	-2.957 0	-16.7

（二）1956～2011年系列水资源总量

全市1956～2011年系列多年平均水资源总量15.988 5亿 m^3，产水模数19.4万 m^3/km^2，其中海河流域水资源总量8.497 1亿 m^3，产水模数22.9万 m^3/km^2；黄河流域水资源总量7.491 4亿 m^3，产水模数16.5万 m^3/km^2。产水模数最大的是漳卫河山区，为28.5万 m^3/km^2，产水模数最小的是小浪底—花园口干流区，为12.7亿 m^3/km^2。新乡市流域分区1956～2011年系列多年平均水资源总量与产水模数详见表6-57。

表6-57 新乡市流域分区1956～2011年系列多年平均水资源总量

流域三级区		面积（km^2）	水资源总量（亿 m^3）	产水模数（万 m^3/km^2）
海河流域	漳卫河山区	1 560	4.439 8	28.5
	漳卫河平原区	2 158	4.057 3	18.8
	海河流域	3 718	8.497 1	22.9
黄河流域	小浪底—花园口干流区	53	0.067 1	12.7
	金堤河天然文岩渠区	3 801	6.536 1	17.2
	花园口以下干流区	677	0.888 2	13.1
	黄河流域	4 531	7.491 4	16.5
新乡市		8 249	15.988 5	19.4

海河流域 1956～2011 年系列水资源总量过程线如图 6-26 所示，水资源总量最大年份出现在 1963 年，为 22.712 2 亿 m^3；最小年份出现在 1997 年，为 4.398 2 亿 m^3。

黄河流域 1956～2011 年系列水资源总量过程线如图 6-27 所示，水资源总量最大年份出现在 1964 年，为 14.559 9 亿 m^3；最小年份出现在 1981 年，为 2.538 9 亿 m^3。

新乡市 1956～2011 年系列水资源总量过程线如图 6-28 所示，水资源总量最大年份出现在 1963 年，为 34.969 4 亿 m^3；最小年份出现在 1997 年，为 7.025 6 亿 m^3。

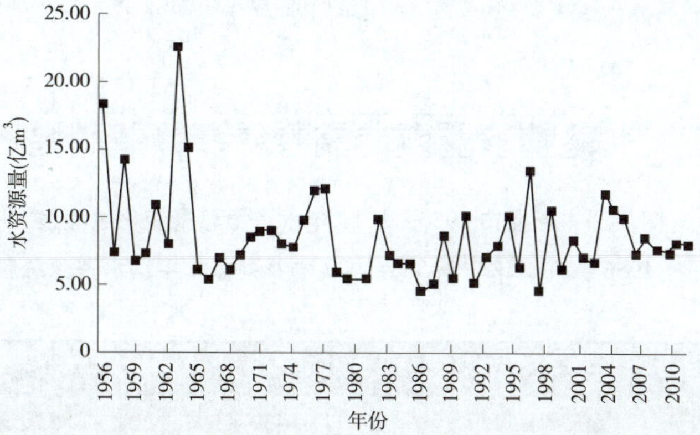

图 6-26　新乡市海河流域 1956～2011 年水资源总量变化过程图

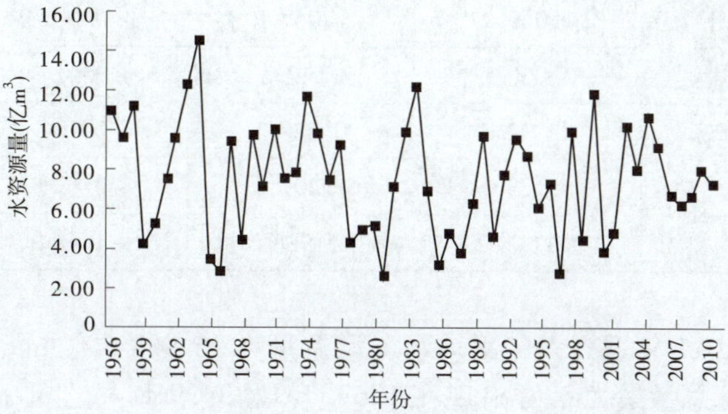

图 6-27　新乡市黄河流域 1956～2011 年水资源总量变化过程

1956～2011 年系列多年平均水资源总量与 1956～1979 年系列多年平均水资源总量相比较，新乡市 1956～2011 年系列多年平均水资源总量比 1956～1979 年系列多年平均水资源总量偏小 9.6%，其中海河流域偏小 11.1%，黄河流域偏小 7.8%。偏小最多的是漳卫河平原区，为 11.5%，偏小最少的是小浪底—花园口干流区，为 3.9%。流域分区 1956～2011 年系列多年平均水资源总量与 1956～1979 年系列多年平均水资源总量比较分析详见表 6-58。

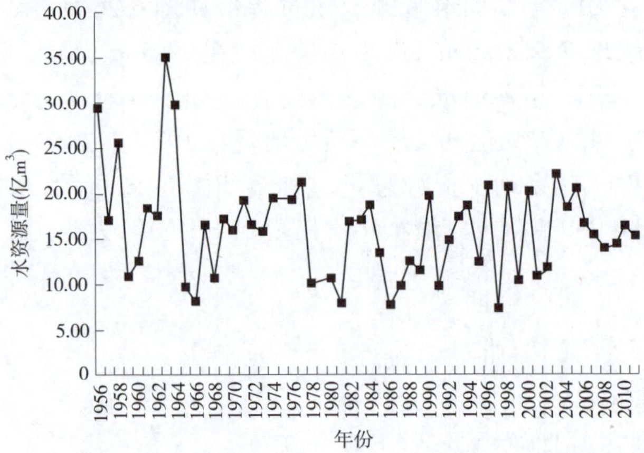

图 6-28　新乡市 1956～2011 年水资源总量变化过程线

表 6-58　1956～2011 年与 1956～1979 年系列多年平均水资源总量对比

（单位：亿 m³）

流域分区		1956～1979 年	1956～2011 年	偏差值	相对偏差(%)
海河流域	漳卫河山区	4.969 7	4.439 8	-0.529 9	-10.7
	漳卫河平原区	4.585 5	4.057 3	-0.528 2	-11.5
	小计	9.555 2	8.497 1	-1.058 1	-11.1
黄河流域	小浪底—花园口干流区	0.069 8	0.067 1	-0.002 7	-3.9
	金堤河天然文岩渠区	7.060 5	6.536 1	-0.524 4	-7.4
	花园口以下干流区	0.992 7	0.888 2	-0.104 5	-10.5
	小计	8.123 0	7.491 4	-0.631 6	-7.8
新乡市		17.678 2	15.988 5	-1.689 7	-9.6

新乡市 1956～2011 年系列多年平均水资源总量为 15.988 5 亿 m³，多年平均径流深为 193.8 mm，水资源总量最大年份出现在 1963 年，为 34.968 4 亿 m³；最小年份出现在 1997 年，为 7.025 6 亿 m³，最大年水资源总量与最小年水资源总量的倍比为 5.0。其中，海河流域多年平均水资源总量为 8.497 1 亿 m³，多年平均径流深为 228.5 mm，比全市平均偏大，水资源总量最大年份出现在 1963 年，为 22.712 2 亿 m³；最小年份出现在 1997 年，为 4.398 2 亿 m³。最大年份水资源总量与最小年份的极值比为 5.2；黄河流域多年平均水资源总量为 7.491 4 亿 m³，多年平均径流深为 165.3 mm，比全市平均偏小，最大年水资源总量出现在 1964 年，为 14.559 9 亿 m³；最小年份出现在 1981 年，为 2.538 9 亿 m³，最大年水资源总量与最小年水资源总量的倍比为 5.7，丰枯年份水资源总量相差较大。丰枯年份水资源总量相差最大的是小浪底—花园口干流区，极值比为 10.1，相差最小的是漳卫河山区，极值比为 3.6。漳卫河山区的水资源总量年际间丰枯悬殊相对较小，比较均匀，而小浪底—花园口干流区则相反，年际间水资源总量变化较大，丰枯不均，详见表 6-59。

表 6-59　新乡市流域分区 1956 ~ 2011 年系列水资源总量评价成果

流域分区		计算面积 (km^2)	年平均水资源总量 (亿 m^3)	年平均径流深 (mm)	最大年水资源总量 (亿 m^3)	最小年水资源总量 (亿 m^3)	极值比
海河流域	漳卫河山区	1 560	4.439 8	284.6	10.740 2	2.975 1	3.6
	漳卫河平原区	2 158	4.057 3	188.0	12.588 8	1.421 6	8.9
	海河流域	3 718	8.497 1	228.5	22.712 2	4.398 2	5.2
黄河流域	小浪底—花园口干流区	53	0.006 71	126.5	0.014 45	0.001 43	10.1
	金堤河天然文岩渠区	3 801	6.536 1	172.0	12.611 4	2.231 9	5.7
	花园口以下干流区	677	0.888 2	131.2	1.804 0	0.292 7	6.2
	黄河流域	4 531	7.491 4	165.3	14.559 9	2.538 9	5.7
新乡市		8 249	15.988 5	193.8	34.968 4	7.025 6	5.0

流域分区 1956 ~ 2011 年系列多年平均水资源总量统计参数通过矩法计算均值，采用 P－Ⅲ型频率曲线适线，经拟合分析得出统计参数，全市水资源总量多年平均值为 15.988 5 亿 m^3，$C_v = 0.36$，$C_s = 2.0C_v$，20% 频率时的水资源总量为 20.473 1 亿 m^3，50% 频率时的水资源总量为 15.320 1 亿 m^3，75% 频率时的水资源总量为 11.879 8 亿 m^3，95% 频率时的水资源总量为 7.918 6 亿 m^3，详见表 6-60。

表 6-60　新乡市流域分区 1956 ~ 2011 年系列水资源总量特征值

流域分区		统计参数			不同频率水资源总量(亿 m^3)			
		水资源总量 (亿 m^3)	C_v	C_s/C_v	20%	50%	75%	95%
海河流域	漳卫河山区	4.439 8	0.36	3.00	5.631 1	4.159 8	3.271 8	2.387 7
	漳卫河平原区	4.057 3	0.52	2.50	5.565 3	3.620 3	2.518 4	1.525 7
	海河流域	8.497 1	0.40	3.00	10.985 5	7.834 7	6.000 4	4.274 0
黄河流域	小浪底—花园口干流区	0.067 1	0.43	1.50	0.090 0	0.064 0	0.046 4	0.025 6
	金堤河天然文岩渠区	6.536 1	0.38	1.50	8.551 3	6.295 6	4.735 3	2.852 0
	花园口以下干流区	0.888 2	0.40	1.50	1.173 7	0.852 4	0.631 7	0.367 8
	黄河流域	7.491 4	0.39	1.50	9.806 3	7.214 3	5.422 2	3.256 0
新乡市		15.988 5	0.36	2.00	20.473 1	15.320 1	11.879 8	7.918 6

海河流域水资源总量多年平均值为 8.497 1 亿 m^3，$C_v = 0.40$，$C_s = 3C_v$，20% 频率时，水资源总量为 10.985 5 亿 m^3，50% 频率时，水资源总量为 7.834 7 亿 m^3，75% 频率时，水

资源总量为6.000 4 亿 m^3,95%频率时,水资源总量为4.274 0 亿 m^3。黄河流域水资源总量多年平均值为7.491 4 亿 m^3,C_v=0.39,C_s=1.5C_v,20%频率时的水资源总量为9.806 3 亿 m^3,50%频率时,水资源总量为7.214 3 亿 m^3,75%频率时的水资源总量为5.422 2 亿 m^3,95%频率时的水资源总量为3.256 0 亿 m^3。

对各流域分区年代变化情况分析,新乡市水资源总量20世纪50年代最大,为18.999 7 亿 m^3,80年代最小为13.483 1 亿 m^3。海河流域20世纪50年代最大,为10.761 0 亿 m^3,80年代最小,为6.888 8 亿 m^3。黄河流域20世纪50年代最大,为8.238 7 亿 m^3,80年代最小为6.594 3 亿 m^3。总体上水资源总量呈递减趋势,各流域分区水资源总量年代变化情况详见表6-61。

表6-61 新乡市流域分区不同年代水资源总量对比 (单位:亿 m^3)

流域分区		1956~1960年	1961~1970年	1971~1980年	1981~1990年	1991~2000年	2001~2010年
海河流域	漳卫河山区	6.217 5	4.824 2	4.308 5	4.160 4	4.155 6	3.936 6
	漳卫河平原区	4.543 5	4.866 8	4.095 4	2.728 4	3.764 5	4.564 8
	海河流域	10.761 0	9.691 0	8.403 9	6.888 8	7.920 1	8.501 4
黄河流域	小浪底—花园口干流区	0.074 5	0.070 9	0.063 7	0.054 9	0.060 6	0.080 7
	金堤河天然文岩渠区	7.146 6	7.045 3	6.775 4	5.755 8	6.322 6	6.474 4
	花园口以下干流区	1.017 6	0.987 6	0.951 9	0.783 6	0.858 6	0.817 3
	黄河流域	8.238 7	8.103 8	7.791 0	6.594 3	7.241 8	7.372 4
新乡市		18.999 7	17.794 8	16.194 9	13.483 1	15.161 9	15.873 8

第七章　水质监测与评价

第一节　实验室建设与发展

河南省水环境监测中心新乡分中心为河南省水环境监测中心的分中心（简称新乡分中心），隶属于河南省水利厅，挂靠河南省水文水资源局，是非独立法人资格的公益性事业单位。

新乡分中心始建于 2007 年 12 月，设在原新乡水文水资源局办公楼内，2014 年实验室扩建，原新乡水文局办公楼由新乡分中心单独使用，实验室面积 900 m^2。2008 年 7 月开始试运行，2009 年 12 月通过国家 GMP 计量认证，开始正式对外出具监测数据。

新乡分中心负责新乡、焦作两市地表水水功能区、地下水、入河排污口、污染联防动态监测分析，横跨黄河、海河两个流域，辖区面积大、辐射范围广，辖区范围内河流多，人口密度大，排污企业也较多，突发污染的情况时有发生，新乡水环境监测中心目前已经具备应急监测和化验能力，能进行常规的水质分析化验工作。

新乡分中心通过几年来的建设和实践，监测能力和水平有了很大提高。新乡分中心配备了火焰型原子吸收分光光度计、紫外分光光度计、原子荧光光度计、BOD 快速测定仪、电子天平、pH 计、微波消解仪、电导率仪、生化培养箱、应急移动检测设备等仪器设备，这些仪器设备的配置增强了新乡分中心的监测水平和任务完成能力，为新乡、济源、焦作三市的水质监测发挥了很大作用；实验室仪器设备的配置和完善也提高了中心水质监测能力和水平，监测数据的数量和质量有了进一步提高，监测频次、监测项目在不断增加，为水污染的防治，减少污染造成的损失，加强应急处理能力打下了坚实基础。

新乡分中心现有监测、评价人员 10 人。其中，教授级高级工程师 1 名，高级工程师 2 名，工程师 2 名，助理工程师 2 名，技术员 3 名。专业涉及分析化学、环境监测、水文水资源、环境工程、计算机等。具有承担水资源水环境监测评价、国内外委托检测及验证等业务能力。

第二节　质量管理体系建设与管理

一、检测范围

新乡分中心主要从事水环境监测，主要监测水（地表水、地下水、饮用水、污水及再生水、大气降水）的 36 个参数。

二、质量管理体系的建立

质量体系设立质量保证负责人制，依据《水质监测规范》及《流域和省级水质中心实验室内部水分析质量控制的技术规定》中的规范执行。2009 年依据《实验室资质认定评审准则》、《水利质量检测机构计量认证评审准则》(SL 309—2007)的要求，新乡分中心按照省中心管理体系，以准则两大部分 19 个要素为基础，规定了科学、公正、准确、满意的质量方针及全面的质量目标：①检测过程和结论 100% 符合国家有关法律法规和国家/行业技术标准；②检测报告合格率大于 98%；③检测报告及时率大于 98%；④客户满意率大于 98%；⑤重大质量事故发生率小于 0.5%；⑥合同履约率 100%。依照河南省水环境监测中心管理体系文件《质量手册》第 4 版、《程序文件》第 4 版、《作业指导书》，建立了详尽的文件化管理体系，使管理体系文件更充分、更适宜；中心组织结构设置、领导职责、部门职能分配更加合理、协调；使中心管理体系文件更加适宜中心的实际工作情况并对实际工作起到指导作用，更有效地控制检测工作质量，以满足实验室资质认定的要求。

新乡分中心采取有力措施，确保检测人员掌握、理解并贯彻执行质量方针和质量目标，加强了质量监督员的监督作用，质量负责人随时注意保证质量文件的现行有效性；确保质量管理体系的贯彻落实，中心所有与质量有关的活动均以管理体系文件为依据，各级管理者均须贯彻、执行文件规定，以确保管理体系有效运行，确保检测结果的科学性、准确性、公正性满足社会的要求。

三、质量控制措施

为满足规定的质量方针和目标要求，确保检测质量，加强对监测活动及结果的监控、验证和评价，保证质量管理体系的有效运行，我们在质量控制方面做了大量、细致的工作，每年年初制定了质量控制计划、年度质量管理工作计划、岗位技术培训与考核计划，全面安排各项质量控制内容。根据年度质量管理工作计划制定实施细则，在监测任务下达的同时下达每批水样的质量控制任务，并按照年度计划进度要求完成各项质量控制指标并对质量控制情况进行分析评价。同时依照《水质监测人员岗位技术培训和考核实施细则》、《河南省水环境监测中心实验室质量控制实施细则》执行。

新乡分中心认真按照年度质量管理工作计划执行，在每批水样监测前均下达现场采样质量控制和实验室质量控制要求。每批水样采集不低于样品总数 10% 的现场平行样品，选取 50% 的检测项目进行检测，每批水样采集不低于样品总数 10% 的全程序空白样品；实验室内空白值至少测定两次，选取 50% 的检测项目进行不低于样品采集总数 10% 的室内平行测定和加标回收测定，每批水样选取不低于 20% 的检测项目进行标准样品控制。

新乡分中心按以下原则对分析结果进行处理：

(1)原始测定数据仅保留一位可疑数字。

(2)数据的有效位数取舍执行有效位数使用法则，有效数字应与实验系统的准确度相适应，不足部分以“0”补齐，数据的取舍按“四舍六入，五单双”规则进行。

(3)数值修约按国家标准《数字条约规则》(GB 8170—87)进行。

(4)可疑数据的取舍按"Dixon 法"、"Grubs 法"和"Q 检测法"进行。

新乡分中心每年按省中心年度内审计划执行,每年同其他实验室间开展一次全要素内审、一次单要素内审,每位内审员都通过国家认监委及水利部计量班举办的《计量认证培训班》学习及考核并取得内审员证书。

新乡分中心每年按省中心年度管理评审计划执行,每年针对管理工作进行一次管理评审工作会议,以解决管理体系存在的重大问题。

新乡分中心每年按照省中心年度实验室比对工作计划执行,采用人员比对、仪器比对、方法比对、盲样考核等多种形式开展实验室常规检测质量控制,组织参加水利部水文局、国家认监委组织的实验室能力验证,以保证检测质量。

四、七项制度实施情况

(一)制度的建立

为了贯彻落实水利部水文〔2010〕169 号文《关于加强水质监测质量管理工作的通知》精神和水利部水文局《水质监测质量管理监督检查考核评定办法》等七项制度(简称"七项制度"),中心严格按照七项制度、相关流域实施细则的要求及中心管理体系文件要求,切实结合本中心工作情况,按照水利部颁发的《七项管理制度》于 2011 年修订、制定了中心一系列的制度及细则。为了让每个人都深入学习质量管理工作要求,省中心将水利部水文局有关文件和本中心的实施细则及管理制度汇编成册,于 2011 年 11 月正式印发了《河南省水环境监测中心管理制度汇编》,保证人手一本,并要求各实验室认真学习遵照执行。具体包括:水质监测人员岗位技术培训和考核实施细则、河南省水环境监测中心实验室质量控制实施细则、监测分析人员岗位责任制、实验室卫生制度、实验室安全管理制度、技术档案管理制度、原始数据管理制度、仪器使用管理制度、仓库管理制度、化学试剂管理制度、样品管理制度、剧毒化学品管理制度、实验室"三废"管理制度等 13 项内容。

(二)监测人员技术培训考核

2013 年,新乡分中心积极组织人员参加水利部水文局针对管理岗位和评价岗位的各类技术培训共 14 个批次,累计派出培训人员 24 人次,共 3 人取得管理岗位资质,7 人取得评价岗位资质。积极组织参加流域机构举办的技术培训,其中淮河流域水环境监测中心和黄河流域水环境监测中心针对检测人员组织了多次技术培训,全体人员顺利通过考核,取得相应的检测岗位资质。

(三)持证情况

经过各级培训和岗位考核,新乡分中心做到全员持证上岗,且项目参数覆盖所有能力参数范围,做到了持证上岗率百分之百。

(四)七项制度考评结果

2010 ~ 2013 年新乡分中心分别接受了水利部水文局、淮河水利委员会组织的专家组的质量管理监督检查。2013 年 9 月水利部水文局公示并于 11 月发布水质监测质量管理监督检查考核评定结果,新乡分中心取得优良成绩,被评为"优良分析室"以上实验室。

(五)分析标准

新乡分中心收集 112 个国家标准及行业标准,严格遵照标准及水利部颁发的《水环境监测规范》(SL 219—98)、《水质分析方法标准汇编》、中心管理体系文件执行。

(六)计量认证情况

新乡分中心在质量管理体系的保证下,于2009年12月首次通过国家计量认证评审,获得国家计量认证合格证书,2013年4月8~12日通过国家计量认证复查换证评审,新乡分中心具有进行地表水、地下水、生活饮用水、污水及再生水、大气及降水的36项参数的法定监测资质,具备了向社会提供监测评价数据的资格,并具有法律效力。通过计量认证工作,新乡分中心不断地改进和完善管理体系和基础设施建设,检测能力和管理水平有了明显的提高,保证了中心检测工作的科学性、公正性和先进性有效实施。在水资源保护与管理、水资源论证、水功能区划和饮水安全等与水有关的国民经济建设和科学研究中发挥了积极作用,为最严格的水资源管理制度提供坚实的技术支撑。

第三节　水功能区划

水功能区是指为满足水资源合理开发和有效保护的需求,根据水资源的自然条件、功能要求、开发利用现状,按照流域综合规划、水资源保护规划和经济社会发展要求,在相应水域按其主导功能划定并执行相应质量标准的特定区域。水功能区划是指水功能区划分工作的成果,其内容应包括水功能区的名称、范围、现状水质、功能及保护目标等,是水资源管理和保护的一项基础性工作。经批准的水功能区划是核定水域的纳污能力,提出限制排污总量意见,将水质管理目标落实到具体水域和入河污染源的主要依据;是加强水资源调度,维持江河合理流量和湖泊、水库及地下水的合理水位,维护水体的自然净化能力,强化陆域污染源管理,优化产业布局,科学确定和实施污染物排放总量控制的主要依据。

《河南省水功能区划报告》是根据《中华人民共和国水法》第三十二条、第三十三条、第三十四条的规定和水利部《关于在全国开展水资源保护规划编制工作的通知》(水资源〔2000〕58号)的要求,由河南省水利厅会同河南省环境保护局按照《全国水功能区划技术大纲》及海河、黄河、淮河、长江四个流域片水功能区划技术细则,结合河南省实际编制的,前后历时3年。其中,国家确定的重要江河湖泊水功能一级区划分是由海河水利委员会、黄河水利委员会、淮河水利委员会、长江水利委员会四个流域机构会同各省划分的;跨省河流省界河段水功能区划是经流域机构协调,同周边相邻省水行政主管部门商定后划分的。该报告于2002年8月形成送审稿,经过四个流域机构和周边省份水行政主管部门组成的专家审查后,于2003年7月形成报批稿。2004年6月18日,河南省人民政府批准实施了《河南省水功能区划报告》。新乡市水功能区规划按照该规划报告实施。

水功能区划采用二级区划分体系:一级区划是宏观上解决水资源的开发利用和保护问题,主要协调地区间用水关系,考虑长远的经济社会可持续发展的需求,由流域机构商省划定;二级区划主要协调用水部门之间的关系,在一级区划的基础上由省统一划定。

河南省新乡市按流域划分属海河流域和黄河流域,参与水功能区划的河流共12条,分别是卫河、峪河、石门河、百泉河、沧河、大狮涝河、西孟姜女河、东孟姜女河、人民胜利渠、共产主义渠、天然文岩渠、金堤河等。

第四节　地表水水质监测与评价

一、水化学特征及分布规律

(一)基本资料

本次水化学特征分析采用 2011 年地表水水质补充监测资料进行水化学分析，选择 8 个水质站点，占水质监测站点总数的 27.6%。主要分布在黄河流域的北部、海河流域的西部和东部，其余水质监测站点为城镇站或稍受城镇影响的测站。

(二)评价方法

评价项目为矿化度、总硬度、钾、钠、钙、镁、重碳酸钙、氯化物、硫酸盐和碳酸盐。

评价方法采用阿列金分类法。

(三)水化学特征

1. 矿化度

根据海河流域 4 个代表站资料统计，矿化度变幅在 241 ~ 4 676 mg/L，分布情况是：漳卫河山区的石门河、沧河较低，漳卫河平原的大狮涝河较高。黄河流域 4 个代表站资料统计，矿化度变幅在 669 ~ 908 mg/L。分布情况是：金堤河和天然文岩渠区的天然渠较低，黄庄河较高。统计计算水资源三级区矿化度平均值，其总的分布规律是海河流域大，黄河流域小。

海河流域漳卫河平原区的矿化度偏大，平均值为 3 662 mg/L；漳卫河山区的矿化度平均值为 276 mg/L。黄河流域金堤河和天然文岩渠区矿化度较小，平均值为 750 mg/L。

2. 总硬度

总硬度为碳酸盐硬度与非碳酸盐硬度的总和。河水总硬度随矿化度的增加而增加，地区分布规律基本与矿化度相同。

海河流域漳卫河平原区硬度高，大狮涝河的万箱铺闸、入大沙河口公路桥总硬度为 1 530 ~ 1 853 mg/L。黄河流域的金堤河和天然文岩渠区总硬度在 284 ~ 330 mg/L。

由于漳卫河平原区石灰成分高，碱性高，溶解后使附近河水硬度增大；加之漳卫河平原区河流坡降小，闸坝多，河水滞留时间长，地表水与地下水互补，土壤中钙离子有更多机会溶于水中。

根据海河流域 4 个代表站资料统计，总硬度变幅在 171 ~ 1 853 mg/L，平均总硬度为 940 mg/L。黄河流域 4 个代表站资料统计，总硬度变幅在 284 ~ 330 mg/L，平均值为 315 mg/L。

3. 水化学类型

地表水中主要离子有 K^+、Na^+、Ca^{2+}、Mg^{2+}、Cl^-、SO_4^{2-}、HCO_3^- 和 CO_3^{2-}。它们的总量又常接近河水的矿化度。采用阿廖金分类法，按水体中阴阳离子的优势成分和阴阳离子间的比例关系确定水化学类型。

根据海河流域 4 个代表站统计结果，重碳酸类水(C)为 2 个，占 50%，为 CⅡCa 型、CⅢCa 型水。硫酸盐类为 2 个，占 50%，为 SⅡCa 型 、SⅡNa 型水。黄河流域 4 个代表站统计结果，重碳酸类水(C)为 4 个，为 CⅡCa 型、CⅡNa 型水，分别占 50%。

水化学类型分布与矿化度也有一定关系，随着矿化度的增加，水的化学组分也相应变化。当矿化度超过300 mg/L时，水化学类型就由原来的重碳酸盐钙组变化成重碳酸盐钠组，水型也由Ⅰ型过渡到Ⅱ型或Ⅲ型。

海河流域以重碳酸盐类和硫酸盐类为主，为CⅡCa型、CⅢCa型和SⅡCa型、SⅡNa型。黄河流域全部为重碳酸盐类，为CⅡCa型、CⅡNa型。

（四）主要河流代表站水化学特征

1. 大狮涝河

根据万箱铺闸和入大沙河口公路桥2个测站资料进行统计分析，矿化度分别为2 648 mg/L、4 678 mg/L，总硬度分别为1 530 mg/L、1 853 mg/L，为SⅡCa型、SⅡNa型。这一型水矿化度高、硬度大、水质较差。

2. 石门河

根据石门水库坝上1个测站统计资料，矿化度为241 mg/L，总硬度为171 mg/L，处于二级水平，为中等硬度水、CⅢCa型。

3. 沧河

根据塔岗水库坝上1个测站统计资料，矿化度为310 mg/L，总硬度为208 mg/L，属于二级水平，为中等硬度水；水化学类型一般，为CⅡCa型。

4. 天然渠

根据城南公路桥、城东公路桥、陶北村公路桥3个测站统计资料，矿化度介于669～730 mg/L，总硬度介于317～330 mg/L，为CⅡCa型、CⅡNa型。

5. 黄庄河

根据满村公路桥1个测站统计资料，矿化度为908 mg/L，总硬度为284 mg/L，为CⅡNa型。

二、主要水功能区划河流及成果

河南省新乡市按流域划分属海河流域和黄河流域，参与水功能区划的河流共12条，分别为卫河、峪河、石门河、百泉河、沧河、大狮涝河、西孟姜女河、东孟姜女河、人民胜利渠、共产主义渠、天然文岩渠、金堤河等。

2011年新乡市辖区内共划定一级水功能区14个，其中保护区1个，缓冲区1个，开发利用区12个，功能区河长总计710.7 km。开发利用区包括二级水功能区28个，二级区河长总计620.7 km，其中饮用水源区4个，农业用水区10个，过渡区2个，排污控制区10个，景观娱乐用水区2个，详见表7-1和表7-2。

表7-1　2011年新乡市地表水水功能区划成果

一级水功能区区划								
功能区名称	保护区	缓冲区	开发利用区					合计
			饮用水源区	农业用水区	过渡区	排污控制区	景观娱乐用水区	
功能区个数	1	1	4	10	2	10	2	
功能区长度（km）	44	46	126.2	309.4	46	128.6	10.5	710.7

表 7-2 2011 年新乡市地表水水功能区水质状况

水功能区			水质代表断面	划定河长（km）	监测河长（km）	水质现状	水质目标	是否达标		
一级区划		二级区划						全年	汛期	非汛期
保护区	柳青河新乡自然保护区		河道村南闸	44	44	劣Ⅴ	Ⅲ	否	否	否
缓冲区	天然文岩渠新乡缓冲区		入黄河口	46	46	Ⅴ	Ⅴ	否	是	否
开发利用区	卫河河南开发利用区	卫河新乡市农业用水区	西孟入口	12.1	12.1	劣Ⅴ	Ⅳ	否	否	否
		卫河新乡市景观娱乐用水区	饮马口	5	5	劣Ⅴ	Ⅳ	否	否	否
		卫河新乡市排污控制区	107 公路桥	11.6	11.6	劣Ⅴ	Ⅴ	否	否	否
		卫河卫辉市排污控制区	卫辉市倪湾乡洪庄	17	17	劣Ⅴ	Ⅴ	否	否	否
	峪河辉县市开发利用区	峪河辉县市饮用水源区	宝泉水库坝上	48.2	48.2	Ⅲ	Ⅲ	否	是	否
		峪河辉县市农业用水区	峪河镇沟西庄公路桥	35	35	劣Ⅴ	Ⅳ	否	否	否
	石门河辉县市开发利用区	石门河辉县市饮用水源区	石门水库坝上	10	10	Ⅲ	Ⅱ	否	否	否
		石门河辉县市农业用水区	东樊村黄水河汇口以下	34	34	Ⅳ	Ⅲ	否	否	否
	西孟姜女河新乡市开发利用区	西孟姜女河新乡市农业用水区	八里营水文站	31	31	劣Ⅴ	Ⅳ	否	否	否
		西孟姜女河新乡市排污控制区	新焦公路桥	4	4	劣Ⅴ	Ⅴ	否	否	否
	东孟姜女河新乡开发利用区	东孟姜女河新乡市农业用水区	洪门镇公路桥	26	26	劣Ⅴ	Ⅳ	否	否	否
		东孟姜女河新乡市排污控制区	入卫河口	22	22	劣Ⅴ	Ⅴ	否	否	否
	人民胜利渠新乡市开发利用区	人民胜利渠新乡市饮用水源区	田庄	38	38	Ⅲ	Ⅲ	否	否	否
		人民胜利渠新乡市排污控制区	饮马口水文站	12	12	劣Ⅴ	Ⅴ	否	否	否
	百泉河辉县市开发利用区	百泉河辉县市景观娱乐用水区	辉县胡桥乡公路桥	5.5	5.5	劣Ⅴ	Ⅲ	否	否	否
		百泉河辉县市排污控制区	新乡县大块镇块村营公路桥	11	11	劣Ⅴ	Ⅴ	否	否	否

续表 7-2

水功能区			水质代表断面	划定河长(km)	监测河长(km)	水质现状	水质目标	是否达标		
一级区划		二级区划						全年	汛期	非汛期
开发利用区	共产主义渠新乡市鹤壁市开发利用区	共产主义渠新乡市排污控制区	六店村107国道公路桥上	21	21	劣Ⅴ	Ⅴ	否	否	否
	沧河卫辉市开发利用区	沧河卫辉市饮用水源区	塔岗水库坝上	30	30	Ⅲ	Ⅱ	否	否	否
		沧河卫辉市农业用水区	沙庄107国道公路桥	17	0		Ⅳ			
	文岩渠新乡开发利用区	文岩渠原阳农业用水区	原阳城北公路桥	38.8	38.8	劣Ⅴ	Ⅳ	否	否	否
		文岩渠原阳排污控制区	阳阿乡公路桥	7	7	Ⅳ	Ⅴ	是	是	是
		文岩渠原阳过渡区	段庄村公路桥	22	22	Ⅴ	Ⅴ	否	是	否
		文岩渠延津农业用水区	朱付村站	8.5	8.5	劣Ⅴ	Ⅴ	否	否	否
		文岩渠封丘长垣农业用水区	大车集站	37	37	Ⅳ	Ⅴ	否	否	是
	天然渠新乡开发利用区	天然渠原阳用水区	城南公路桥	70	70	Ⅴ	Ⅴ	是	是	是
		天然渠封丘排污控制区	城东公路桥	7	7	Ⅴ	Ⅴ	是	是	是
		天然渠封丘过渡区	陶北村公路桥	24	24	Ⅳ	Ⅴ	是	是	是
	黄庄河长垣滑县开发利用区	黄庄河长垣排污控制区	长垣县满村公路桥	16	16	劣Ⅴ	Ⅴ	否	否	否
合计	14	28	30	710.7	693.7					

三、水功能区水质现状评价

(一)评价标准和方法

(1)单个水功能区达标评价执行《地表水资源质量评价技术规程》(SL 395—2007)中“6.4 单个水功能区达标评价”相关条款的规定,分别进行水功能区水质类别达标评价、水功能区营养状态达标和水功能区达标综合评价。没有规划水功能区营养状态目标的水功能区不进行水功能区营养状态达标评价。

(2)水情期或年度水功能区达标评价应在各水功能区单次达标评价成果的基础上进行。在评价年度内或水情期内,达标率不小于80%的水功能区为年度或水情期达标水功能区。年度或水情期内水功能区达标率根据《地表水资源质量评价技术规程》(SL 395—2007)的公式(7-1)计算：

$$FD = \frac{FG}{FN} \times 100\% \tag{7-1}$$

式中：FD 为水情期或年度水功能区达标率(%)；FG 为水情期或年度水功能区达标次数；FN 为水情期或年度水功能区评价次数。

(3)根据《地表水资源质量评价技术规程》(SL 395—2007)中“6.5　流域及区域水功能区达标评价”相关条款规定进行流域或省区水功能区达标评价。

(二)新乡市2011年水功能区评价

在2011年度地表水质监测过程中，30个水功能区中共布设30个水质站，其中1个水质站代表断面全年河干(或断流)，29个水质站参与评价；评价水功能区29个；监测河长710.7 km，评价河长693.7 km。

1.一级水功能区

1)柳青河新乡自然保护区

水质目标：Ⅲ。

代表断面：河道村南闸。

功能区达标评价结果：全年不达标，主要超标项目有高锰酸盐指数、化学需氧量、氨氮；汛期不达标，主要超标项目有溶解氧、高锰酸盐指数、化学需氧量；非汛期不达标，主要超标项目有高锰酸盐指数、化学需氧量、氨氮。

2)天然文岩渠新乡缓冲区

水质目标：Ⅴ。

代表断面：天然文岩渠入黄河口。

功能区达标评价结果：全年不达标，主要超标项目有化学需氧量；汛期达标；非汛期不达标，主要超标项目有化学需氧量。

2.二级水功能区

1)卫河新乡市农业用水区

水质目标：Ⅳ。

代表断面：西孟入口。

功能区达标评价结果：全年不达标，主要超标项目有高锰酸盐指数、氨氮、化学需氧量；汛期不达标，主要超标项目有化学需氧量、氨氮、高锰酸盐指数；非汛期不达标，主要超标项目有化学需氧量、氨氮、高锰酸盐指数。

2)卫河新乡市景观娱乐用水区

水质目标：Ⅳ。

代表断面：饮马口。

功能区达标评价结果：全年不达标，主要超标项目有氨氮、化学需氧量、溶解氧；汛期不达标，主要超标项目有溶解氧、氨氮、化学需氧量；非汛期不达标，主要超标项目有氨氮。

3)卫河新乡市排污控制区

水质目标：Ⅴ。

代表断面:107 公路桥。

功能区达标评价结果:全年不达标,主要超标项目有化学需氧量、氨氮、总磷;汛期不达标,主要超标项目有化学需氧量、氨氮、氟化物;非汛期不达标,主要超标项目有化学需氧量、氨氮。

4)卫河卫辉市排污控制区

水质目标:Ⅴ。

代表断面:卫辉市倪湾乡洪庄。

功能区达标评价结果:全年不达标,主要超标项目有化学需氧量、氨氮、镉;汛期不达标,主要超标项目有化学需氧量、氨氮、镉;非汛期不达标,主要超标项目有化学需氧量、氨氮。

5)峪河辉县市饮用水源区

水质目标:Ⅲ。

代表断面:宝泉水库坝上。

功能区达标评价结果:全年不达标,主要超标项目有化学需氧量;汛期达标;非汛期不达标,主要超标项目有化学需氧量。

6)峪河辉县市农业用水区

水质目标:Ⅳ。

代表断面:峪河镇沟西庄公路桥。

功能区达标评价结果:全年不达标,主要超标项目有氨氮、化学需氧量、溶解氧;汛期不达标,主要超标项目有溶解氧、化学需氧量、氨氮;非汛期不达标,主要超标项目有氨氮、化学需氧量。

7)石门河辉县市饮用水源区

水质目标:Ⅱ。

代表断面:石门水库坝上。

功能区达标评价结果:全年不达标,主要超标项目有氨氮、铅、挥发酚;汛期不达标,主要超标项目有氨氮、铅、挥发酚;非汛期不达标,主要超标项目有氨氮、铅。

8)石门河辉县市农业用水区

水质目标:Ⅲ。

代表断面:东樊村黄水河汇口以下。

功能区达标评价结果:全年不达标,主要超标项目有溶解氧、化学需氧量;汛期不达标,主要超标项目有溶解氧、化学需氧量;非汛期不达标,主要超标项目有溶解氧。

9)西孟姜女河新乡市农业用水区

水质目标:Ⅳ。

代表断面:八里营水文站。

功能区达标评价结果:全年不达标,主要超标项目有氨氮、化学需氧量、高锰酸盐指数;汛期不达标,主要超标项目有高锰酸盐指数、化学需氧量、氨氮;非汛期不达标,主要超标项目有氨氮、化学需氧量、高锰酸盐指数。

10)西孟姜女河新乡市排污控制区

水质目标:Ⅴ。

代表断面:新焦公路桥。

功能区达标评价结果:全年不达标,主要超标项目有化学需氧量、氨氮、溶解氧;汛期不达标,主要超标项目有化学需氧量、氨氮、高锰酸盐指数;非汛期不达标,主要超标项目有溶解氧、化学需氧量、氨氮。

11)东孟姜女河新乡市农业用水区

水质目标:Ⅳ。

代表断面:洪门镇公路桥。

功能区达标评价结果:全年不达标,主要超标项目有化学需氧量、氨氮、高锰酸盐指数;汛期不达标,主要超标项目有化学需氧量、氨氮、高锰酸盐指数;非汛期不达标,主要超标项目有高锰酸盐指数、化学需氧量、氨氮。

12)东孟姜女河新乡市排污控制区

水质目标:Ⅴ。

代表断面:入卫河口。

功能区达标评价结果:全年不达标,主要超标项目有化学需氧量、氨氮、氟化物;汛期不达标,主要超标项目有化学需氧量、氨氮、高锰酸盐指数;非汛期不达标,主要超标项目有化学需氧量、氨氮、氟化物。

13)人民胜利渠新乡市饮用水源区

水质目标:Ⅲ。

代表断面:田庄。

功能区达标评价结果:全年不达标,主要超标项目有化学需氧量、氨氮;汛期不达标,主要超标项目有化学需氧量、氨氮;非汛期不达标,主要超标项目有化学需氧量。

14)人民胜利渠新乡市排污控制区

水质目标:Ⅴ。

代表断面:饮马口水文站。

功能区达标评价结果:全年不达标,主要超标项目有化学需氧量、氨氮;汛期不达标,主要超标项目有高锰酸盐指数、化学需氧量、氨氮;非汛期不达标,主要超标项目有化学需氧量、氨氮。

15)百泉河辉县市景观娱乐用水区

水质目标:Ⅲ。

代表断面:辉县胡桥乡公路桥。

功能区达标评价结果:全年不达标,主要超标项目有溶解氧、高锰酸盐指数、化学需氧量;汛期不达标,主要超标项目有溶解氧、高锰酸盐指数、化学需氧量;非汛期不达标,主要超标项目有溶解氧、高锰酸盐指数、化学需氧量。

16)百泉河辉县市排污控制区

水质目标:Ⅴ。

代表断面:新乡县大块镇块村营公路桥。

功能区达标评价结果:全年不达标,主要超标项目有化学需氧量、氨氮;汛期不达标,主要超标项目有化学需氧量;非汛期不达标,主要超标项目有化学需氧量、氨氮、镉。

17)共产主义渠新乡市排污控制区

水质目标:Ⅴ。

代表断面:六店村107国道公路桥上。

功能区达标评价结果:全年不达标,主要超标项目有氨氮、化学需氧量、铅;汛期不达标,主要超标项目有氨氮、化学需氧量、镉;非汛期不达标,主要超标项目有化学需氧量、氨氮。

18)沧河卫辉市饮用水源区

水质目标:Ⅱ。

代表断面:塔岗水库坝上。

功能区达标评价结果:全年不达标,主要超标项目有化学需氧量、铅、氨氮;汛期不达标,主要超标项目有化学需氧量、氨氮;非汛期不达标,主要超标项目有铅、化学需氧量。

19)文岩渠原阳农业用水区

水质目标:Ⅳ。

代表断面:原阳城北公路桥。

功能区达标评价结果:全年不达标,主要超标项目有化学需氧量、氨氮;汛期不达标,主要超标项目有溶解氧、化学需氧量、氨氮;非汛期不达标,主要超标项目有化学需氧量、高锰酸盐指数、氨氮。

20)文岩渠原阳排污控制区

水质目标:Ⅴ。

代表断面:阳阿乡公路桥。

功能区达标评价结果:全年达标,汛期达标,非汛期达标。

21)文岩渠原阳过渡区

水质目标:Ⅴ。

代表断面:段庄村公路桥。

功能区达标评价结果:全年不达标,主要超标项目有化学需氧量、氨氮;汛期达标;非汛期不达标,主要超标项目有化学需氧量、氨氮。

22)文岩渠延津农业用水区

水质目标:Ⅴ。

代表断面:朱付村。

功能区达标评价结果:全年不达标,主要超标项目有氨氮、化学需氧量;汛期不达标,主要超标项目有氨氮、化学需氧量;非汛期不达标,主要超标项目有化学需氧量、氨氮。

23)文岩渠封丘长垣农业用水区

水质目标:Ⅴ。

代表断面:大车集。

功能区达标评价结果:全年不达标,主要超标项目有化学需氧量;汛期不达标,主要超标项目有化学需氧量;非汛期达标。

24)天然渠原阳农业用水区

水质目标:Ⅴ。

代表断面:城南公路桥。

功能区达标评价结果:全年达标,汛期达标,非汛期达标。

25)天然渠封丘排污控制区

水质目标:Ⅴ。

代表断面:城东公路桥。

功能区达标评价结果:全年达标,汛期达标,非汛期达标。

26)天然渠封丘过渡区

水质目标:Ⅴ。

代表断面:陶北村公路桥。

功能区达标评价结果:全年达标,汛期达标,非汛期达标。

27)黄庄河长垣排污控制区

水质目标:Ⅴ。

代表断面:长垣县满村公路桥。

功能区达标评价结果:全年不达标,主要超标项目有溶解氧、氨氮;汛期不达标,主要超标项目有溶解氧、氨氮;非汛期不达标,主要超标项目有溶解氧、化学需氧量、氨氮。

28)沧河卫辉市农业用水区

水质目标:Ⅳ。

代表断面:入共渠口。

2011 年调查监测期间全年河干。

(三)地表水水功能区达标评价统计

根据 2004 年 6 月河南省政府批准实施的《河南省水功能区划报告》,本次评价新乡市所辖共 14 个一级水功能区,一级区河长总计 710. 7 km。其中,保护区 1 个,区划河长 44 km;缓冲区 1 个,区划河长 46 km;开发利用区 14 个,区划河长 620. 7 km。开发利用区中划定 28 个二级水功能区,二级区河长总计 620. 7 km。其中饮用水源区 4 个,区划河长 126. 2 km;农业用水区 10 个,区划河长 309. 4 km;过渡区 2 个,区划河长 46 km;排污控制区 10 个,区划河长 128. 6 km;景观娱乐用水区 2 个,区划河长 10. 5 km。

2011 年新乡市地表水水功能区监测个数为 30 个,监测水功能区河长共计 710. 7 km;评价个数为 29 个,评价水功能区河长共计 693. 7 km。

1. 水功能区达标比例

1)按水功能区个数统计

2011 年度共计评价 29 个水功能区,其中全年达标 4 个,达标率为 13. 8%;汛期共计评价 29 个水功能区,其中达标 7 个,达标率为 24. 1%;非汛期共计评价 29 个水功能区,其中达标 5 个,达标率为 17. 2%,详见表 7-3。

2)按水功能区河长统计

2011 年度评价河长 693. 7 km,达标河长 108 km,达标率为 15. 6%;汛期评价河长 693. 7 km,达标河长 224. 2 km,达标率为 32. 3%;非汛期评价河长 693. 7 m,达标河长 145 km,达标率为 20. 9%,详见表 7-3。

2. 水功能一级区(不包括开发利用区)达标比例

2011 年度共计评价除开发利用区外的 2 个水功能区,其中达标 0 个,达标率为 0%;按河长计算,达标河长 0 km,达标率为 0%。汛期共计评价 2 个水功能区,其中达标 1 个,达标率为50%；按河长计算，达标河长46 km，达标率为51.1%。非汛期共计评价2个水功能区，其中达标0个，达标率为0%；按河长计算，达标河长0 km，达标率为0%。具体统计情况详见表7-4。

表7-3 新乡市2011年水功能区达标情况统计

行政区	时段	按个数统计			按河长统计		
		水功能区个数	达标（个）	达标率（%）	评价河长（km）	达标河长（km）	达标率（%）
新乡市	全年	29	4	13.8	693.7	108	15.6
	汛期		7	24.1		224.2	32.3
	非汛期		5	17.2		145	20.9

表7-4 新乡市2011年水功能一级区达标情况统计

行政区	时段	按个数统计			按河长统计		
		水功能区个数	达标（个）	达标率（%）	评价河长（km）	达标河长（km）	达标率（%）
新乡市	全年	2	0	0	90.0	0	0
	汛期		1	50		46	51.1
	非汛期		0	0		0	0

3. 水功能二级区达标比例

1）按水功能区个数统计

2011年度共计评价27个水功能区二级区，其中达标4个，达标率为14.8%；汛期共计评价27个水功能区，其中达标6个，达标率为22.2%；非汛期共计评价27个水功能区，其中达标5个，达标率为18.5%。

表7-5 新乡市2011年水功能二级区达标情况统计

行政区	时段	按个数统计			按河长统计		
		水功能区个数	达标（个）	达标率（%）	评价河长（km）	达标河长（km）	达标率（%）
新乡市	全年	27	4	14.8	603.7	108	17.9
	汛期		6	22.2		178.2	29.5
	非汛期		5	18.5		145	24.0

2）按水功能区河长统计

2011年度水功能区二级区评价河长603.7 km，达标河长108 km，达标率为17.9%；汛期评价河长603.7 km，达标河长178.2 km，达标率为29.5%；非汛期评价河长603.7 km，达标河长145 km，达标率为24.0%。

4. 新乡市各类地表水功能区达标现状

新乡市各类地表水功能区达标现状见表7-6。

表 7-6 2011 年新乡市地表水功能区达标统计

行政区域	水功能区		个数统计										
	一级区划	二级区划	划定个数	监测个数	评价个数			达标个数			达标率(%)		
					全年	汛期	非汛期	全年	汛期	非汛期	全年	汛期	非汛期
新乡市	保护区		1	1	1	1	1	0	0	0	0	0	0
	缓冲区		1	1	1	1	1	0	1	0	0	100	0
	合计		2	2	2	2	2	0	1	0	0	50	0
	开发利用区	饮用水源区	4	4	4	4	4	0	1	0	0	25	0
		农业用水区	10	9	9	9	9	1	1	2	11. 1	11. 1	22. 2
		过渡区	2	2	2	2	2	1	2	1	50	100	50
		排污控制区	10	10	10	10	10	2	2	2	20	20	20
		景观娱乐用水区	2	2	2	2	2	0	0	0	0	0	0
		小计	28	27	27	27	27	4	6	5	14. 8	22. 2	18. 5
	总计		30	29	29	29	29	4	7	5	13. 8	24. 1	17. 2

续表 7-6

行政区域	水功能区		河长(km)统计										
	一级区划	二级区划	划定河长(km)	监测河长(km)	评价河长(km)			达标河长(km)			达标率(%)		
					全年	汛期	非汛期	全年	汛期	非汛期	全年	汛期	非汛期
新乡市	保护区		44	44	44	44	44	0	0	0	0	0	0
	缓冲区		46	46	46	46	46	0	46	0	0	100	0
	合计		90	90	90	90	90	0	46	0	0	51.1	0
	开发利用区	饮用水源区	126.2	126.2	126.2	126.2	126.2	0	48.2	0	0	38.2	0
		农业用水区	309.4	292.4	292.4	292.4	292.4	70	70	107	23.9	23.9	36.6
		过渡区	46	46	46	46	46	24	46	24	52.2	100	52.2
		排污控制区	128.6	128.6	128.6	128.6	128.6	14	14	14	10.9	10.9	10.9
		景观娱乐用水区	10.5	10.5	10.5	10.5	10.5	0	0	0	0	0	0
		小计	620.7	603.7	603.7	603.7	603.7	108	178.2	145	17.9	29.5	24.0
	总计		710.7	693.7	693.7	693.7	693.7	108	224.2	145	15.6	32.3	20.9

(1)保护区:全年按个数统计,达标率为0%;按评价河长统计,达标率为0%。

(2)缓冲区:全年按个数统计,达标率为0%;按评价河长统计,达标率为0%。

(3)饮用水源区:全年按个数统计,达标率为0%;按评价河长统计,达标率为0%。

(4)农业用水区:全年按个数统计,达标率为11.1%;按评价河长统计,达标率为23.9%。

(5)过渡区:全年按个数统计,达标率为50%;按评价河长统计,达标率为52.2%。

(6)排污控制区:全年按个数统计,达标率为20%;按评价河长统计,达标率为10.9%。

(7)景观娱乐用水区:全年按个数统计,达标率为0%;按评价河长统计,达标率为0%。

四、主要功能区2011年较2010年变化趋势

2010、2011年分别对新乡市9个水功能区监测断面进行监测,比较其监测结果,现将水质变化情况分述如下。

(一)卫河新乡市排污控制区

2011年水质全年、汛期、非汛期均为劣Ⅴ类,较2010年无变化,主要超标项目有化学需氧量、氨氮。

(二)峪河辉县市饮用水源区

2011年水质全年、汛期、非汛期均为Ⅲ类,较2010年全年、汛期、非汛期的Ⅳ、Ⅴ、Ⅳ有所好转,主要超标项目有化学需氧量。

(三)峪河辉县市农业用水区

2011年水质全年、汛期、非汛期均为劣Ⅴ类,较2010年无变化,主要超标项目有化学需氧量、氨氮。

(四)石门河辉县市农业用水区

2011年水质全年、汛期、非汛期为Ⅳ、Ⅴ、Ⅲ类,较2010年全年、汛期、非汛期的Ⅱ、Ⅱ、Ⅱ有所下降,主要超标项目有溶解氧、化学需氧量。

(五)西孟姜女河新乡市农业用水区

2011年水质全年、汛期、非汛期均为劣Ⅴ类,较2010年无变化,主要超标项目有化学需氧量、氨氮、高锰酸盐指数。

(六)东孟姜女河新乡市排污控制区

2011年水质全年、汛期、非汛期均为劣Ⅴ类,较2010年无变化,主要超标项目有化学需氧量、氨氮。

(七)共产主义渠新乡市排污控制区

2011年水质全年、汛期、非汛期均为劣Ⅴ类,较2010年无变化,主要超标项目有化学需氧量、氨氮。

(八)文岩渠延津农业用水区

2011 年水质全年、汛期、非汛期均为劣Ⅴ类,较 2010 年无变化,主要超标项目有化学需氧量、氨氮。

(九)文岩渠封丘长垣农业用水区

2011 年水质全年、汛期、非汛期为Ⅳ、Ⅴ、Ⅳ类,较 2010 年全年、汛期、非汛期的劣Ⅴ类有所好转,主要超标项目有化学需氧量。

五、重要水功能区水质趋势分析

(一)方法的选择和水质参数的确定

1. 方法的选择

水质变化趋势分析的主要目的是从不同方面了解和判断水中污染物随时间和空间的变化。它要求水质数据具有系列性、代表性、完备性和较好的一致性,但由于水质数据与流量、季节相关,在一定评价时段内又会出现漏测值和未检出值,故水质数据的非正态分布特性使得传统的处理正态分布的统计学变得无能为力。针对水质数据序列的上述特性,美国地质调查局在 20 世纪 70 年代末研制出了用于水质变化趋势分析的季节性 Kendall 趋势检验方法。在 2004 年全国水资源综合规划中,全国统一采用了由中国水利水电科学研究院水环境研究所开发的季节性 Kendall 趋势检验法(PWQTrend)评价软件,使得应用季节性 Kendall 趋势检验法进行水质变化趋势分析的工作在全国得以普及。

2. 水质参数的确定

新乡市地表水污染特性是以化学需氧量、氨氮、高锰酸盐为主要污染物。确定水质变化趋势分析项目为化学需氧量、氨氮、高锰酸盐指数三项。

3. 方法原理简介

季节性 Kendall 检验的原理是将历年相同月(季)的水质资料进行比较,如果后面的值(时间上)高于前面的值,记作(+)号,否则记作(-)号。如果加号的个数比减号的多,则可能为上升趋势;类似地,如果减号的个数比加号的多,则可能为下降趋势;如果加号的个数与减号的相等,则可能为无趋势。

(二)水功能区水质趋势分析

1. 水质资料和水质站的选取

由于近年来本区域经济社会发展、污染物排放、水资源开发利用状况及水文情势等要素发生了较大改变,重大涉水政策出台和行动的实施也对污染减排和河流生态水量保障等方面产生了积极的影响,为保证水质数据具有系列性、代表性、完备性和较好的一致性,资料的选取显得尤为重要,时间序列过长或过短都会影响趋势结果的准确性,过短往往不能确定是否存在趋势或失真;过长则会产生一种趋势掩盖或抵消另外一种趋势。经分析后,采用了区域内主要河流卫河和共产主义渠干流 2 个主要水功能区的 6 ~ 7 年(2005 ~ 2011 年)水质站资料进行趋势分析,水功能区水质变化趋势分析站点详见表 7-7。

表 7-7　水功能区水质变化趋势分析站点一览

编码	河流名称	所在水功能一级区	水功能二级区名称	流域	水系	水质代表断面	数据系列年数
C0307000353047	卫河	卫河河南开发利用区	卫河卫辉市排污控制区	海河	漳卫南运河	汲县(二)	6
C0307001553023	共产主义渠	共产主义渠新乡市鹤壁市开发利用区	共产主义渠新乡市鹤壁市农业用水区①	海河	漳卫南运河	黄土岗(二)	6

2. 分析方法

(1)水质站水质变化趋势分析采用季节性 Kendall 检验方法。

(2)水质站水质变化趋势分析包括水质站水质项目浓度变化趋势分析和水质站水质项目流量调节浓度变化趋势分析两方面的内容。

(3)流量调节浓度变化趋势分析从以下 7 个表达式中选择流量与浓度相关性最好的一组进行分析:

$$C = a + bQ \tag{7-2}$$

$$C = a + bQ + cQ^2 \tag{7-3}$$

$$C = a + b\ln Q \tag{7-4}$$

$$C = a + b\frac{1}{Q} \tag{7-5}$$

$$C = a + b\frac{1}{1 + cQ} \tag{7-6}$$

$$\ln C = a + b\ln Q \tag{7-7}$$

$$\ln C = a + b\ln Q + c\ln Q\ln Q \tag{7-8}$$

式中:C 为水质项目浓度,mg/L;Q 为流量,m^3/s;a、b、c 均为系数。

(4)水质站水质变化趋势分析结果可分为三类五级。三类为上升、下降和无趋势,五级为高度显著上升、显著上升、无趋势,显著下降和高度显著下降。水质站水质变化趋势的显著性应根据显著性水平 α 确定,见表 7-8。

表 7-8　水质变化显著性水平

α	$\alpha \leq 0.01$	$0.01 < \alpha \leq 0.1$	$\alpha > 0.1$
显著性	高度显著	趋势显著	无变化趋势

3. 趋势分析结果

1)卫河

所在水功能区:卫河卫辉市排污控制区。

水质代表断面:汲县(二)。

高锰酸盐指数水质浓度高度显著下降,氨氮水质浓度显著下降,化学需氧量无明显升降趋势。

2)共产主义渠

所在水功能区:共产主义渠新乡市鹤壁市农业用水区①。

水质代表断面:黄土岗(二)站。

高锰酸盐指数水质浓度高度显著下降,氨氮水质浓度高度显著下降,化学需氧量无明显升降趋势,具体见表7-9。

表7-9 水功能区水质变化趋势分析成果

编码		C0307000353047	C0307001553023
河流名称		卫河	共产主义渠
所在水功能一级区		卫河河南开发利用区	共产主义渠新乡市鹤壁市开发利用区
水功能二级区名称		卫河卫辉市排污控制区	共产主义渠新乡市鹤壁市农业用水区①
流域		海河	海河
水系		漳卫南运河	漳卫南运河
水质代表断面		汲县(二)	黄土岗(二)
水质浓度变化趋势	高锰酸盐指数	高度显著下降	高度显著下降
	氨氮	显著下降	高度显著下降
	化学需氧量	无明显升降趋势	无明显升降趋势

六、湖库营养状态评价

依据《地表水水资源质量评价技术规程》(SL 395—2007)中"湖泊(水库)营养状态评价标准"进行评价。

(一)宝泉水库

宝泉水库总磷年均值含量为0.07 mg/L,总氮年均值含量为5.33 mg/L,高锰酸盐指数年均值含量为1.6 mg/L,营养状态指数为55.9,属轻度富营养状态。

(二)石门水库

石门水库总磷年均值含量为0.04 mg/L,总氮年均值含量为6.79 mg/L,高锰酸盐指数年均值含量为1.9 mg/L,营养状态指数为55.5,属轻度富营养状态。

(三)塔岗头水库

塔岗头水库总磷年均值含量为0.04 mg/L,总氮年均值含量为5.47 mg/L,高锰酸盐指数年均值含量为1.4 mg/L,营养状态指数为52.1,属轻度富营养状态。

宝泉、石门和塔岗头水库各项指标具体详见表7-10。

表 7-10　宝泉、石门和塔岗头水库营养状态评价

月份	宝泉水库			石门水库			塔岗头水库		
	总磷（mg/L）	总氮（mg/L）	高锰酸盐指数（mg/L）	总磷（mg/L）	总氮（mg/L）	高锰酸盐指数（mg/L）	总磷（mg/L）	总氮（mg/L）	高锰酸盐指数（mg/L）
1									
2									
3	0. 09	4. 1	2. 3	0. 07	5. 79	2. 1	0. 05	5. 23	1. 2
4									
5									
6	0. 13	4. 08	1. 2	0. 02	6. 2	1. 8	0. 02	5. 12	1. 5
7									
8									
9	0. 02	8. 7	1. 6	0. 04	7. 1	2	0. 03	5. 45	1. 4
10									
11	0. 03	4. 42	1. 3	0. 02	8. 05	1. 6	0. 04	6. 09	1. 3
12									
均值	0. 07	5. 33	1. 6	0. 04	6. 79	1. 9	0. 04	5. 47	1. 4
赋分值	53. 5	78. 3	36	45	82. 6	38. 8	44	78. 7	33. 5
平均评分值	55. 9			55. 5			52. 1		
结论	轻度富营养			轻度富营养			轻度富营养		

七、结论

2011 年共计评价 29 个水功能区，其中达标 4 个，达标率为 13. 8%；汛期共计评价 29 个水功能区，其中达标 7 个，达标率为 24. 1%；非汛期共计评价 29 个水功能区，其中达标 5 个，达标率为 17. 2%。地表水整体呈现严重污染状态，已无法满足水环境功能要求，特别是一级保护区柳青河水质与目标水质相差甚远。2011 年地表水质监测断面及水功能区水质现状，见附图 6。

2011 年新乡市监测水功能区河长共计 710. 7 km，评价水功能区河长共计 693. 7 km，全年达标河长 108 km，达标率为 15. 6%；汛期达标河长 224. 2 km，达标率为 32. 3%；非汛

期达标河长 145 km,达标率为 20.9%。

新乡市地表水功能区全年、汛期、非汛期主要特征污染物以化学需氧量和氨氮为主,与入河排污口主要污染物相吻合。

新乡市重要水功能区水质变化趋势:卫河卫辉市排污控制区,水质代表断面"汲县(二)",高锰酸盐指数水质浓度高度显著下降,氨氮水质浓度显著下降,化学需氧量无明显升降趋势;共产主义渠新乡市鹤壁市农业用水区①,水质代表断面"黄土岗(二)",高锰酸盐指数水质浓度高度显著下降,氨氮水质浓度高度显著下降,化学需氧量无明显升降趋势。

新乡市所辖范围内监测的三座中型水库水体富营养化状况均为轻度富营养状态。

第五节　地下水水质监测与评价

一、地下水水化学特征及分布规律

(一)地下水水化学类型

地下水化学分类选用钾、钠、钙、镁、重碳酸根、氯根、硫酸根、碳酸根及矿化度作为分类指标,采用舒卡列夫分类法确定地下水化学类型。

依据舒卡列夫分类法对全区平原区的 24 眼地下水监测井进行水化学分类。从分类的统计结果看:HCO_3—Na · Ca · Mg 型地下水井(4 眼);HCO_3—Na · Mg 型(4 眼);HCO_3 · SO_4 · Cl— Na · Ca · Mg 型(2 眼);HCO_3 · Cl—Na · Mg 型(2 眼);其他 12 眼井水化学类型比较零乱。从阴离子看:HCO_3 型和 HCO_3 · Cl 型地下水井较多,分别为 12 眼和 5 眼,占 50.0%、20.8%。从阳离子看,Na · Ca · Mg 型和 Na · Mg 型地下水井较多,分别为 8 眼和 7 眼,占 33.3%、29.2%。由此可见,全市平原区的地下水井以 Na · Ca · Mg—HCO_3 型为主。

金堤河和天然文岩渠区的黄河流域的地下水以 HCO_3—Na · Mg 为主,即 6 型水,阴离子以 HCO_3 型和 HCO_3 · Cl 型为主,阳离子以 Na · Mg 为主;漳卫河平原区以 5 型水,即 HCO_3—Na · Ca · Mg 型为主,阴离子以 HCO_3 型为主,阳离子以 Na · Ca · Mg 为主。

(二)矿化度

平原地区地下水矿化度测井共有 24 眼,矿化度值大于 1.5 g/L 的井 5 个,新乡县 1 号井、卫辉市 9 号井、获嘉县 9 号和 13 号井、延津县 17 号井,矿化度分别为 4.89 g/L、1.68 g/L、3.02 g/L、5.67 g/L、1.67 g/L;其余 19 眼井的矿化度都小于 1.5 g/L,占总测井数的 79.2%。

二、地下水水资源质量监测

本次地下水资源质量评价抽取新乡市布设的地下水水质监测井 17 眼,详见图 7-1 和表 7-11。

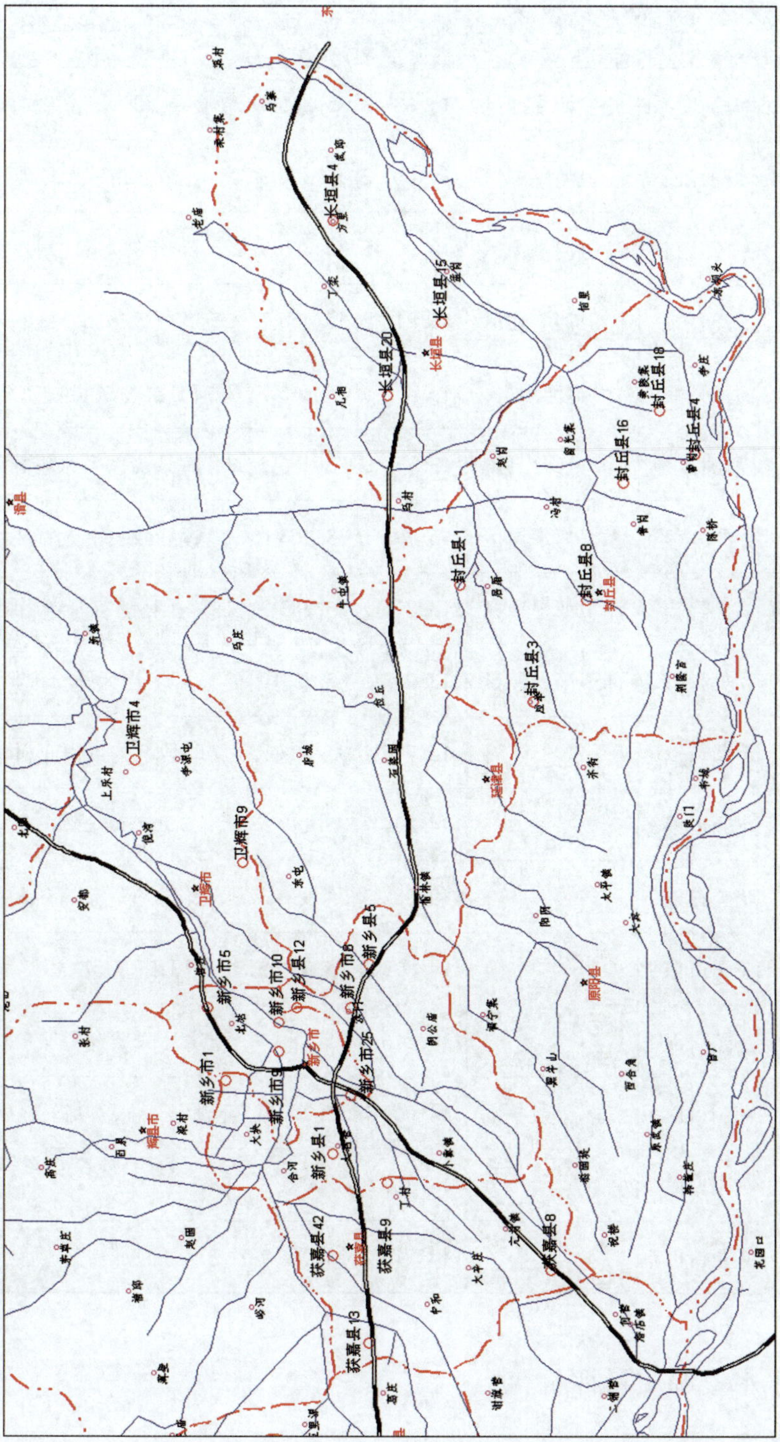

图 7-1　新乡市地下水质监测井分布

表 7-11　新乡市地下水监测井一览

编号	监测井名称	水资源二级区	水资源三级区	东经	北纬	地址
1	新乡 25	海河南系	漳卫河平原区	113.833 3	35.266 7	新乡市平原乡朱召村西南 500 m
2	新乡海河基浅 98	海河南系	漳卫河平原区	113.867 2	35.306 3	新乡市三水厂水源地
3	新乡海河基浅 99	海河南系	漳卫河平原区	113.903 5	35.329 9	新乡市凤泉区水厂水源地
4	卫辉 4	海河南系	漳卫河平原区	114.216 7	35.466 7	卫辉市上乐镇上乐村东 100 m
5	辉县 7	海河南系	漳卫河山区	113.483 3	35.366 7	辉县吴村镇吴村东北 200 m
6	辉县 20	海河南系	漳卫河山区	113.750 0	35.566 7	辉县高庄乡张雷村南 6 m
7	辉县大官庄	海河南系	漳卫河平原区	113.793 1	35.468 4	辉县城关镇大官庄水源地
8	获嘉 19	海河南系	漳卫河平原区	113.716 7	35.283 3	获嘉县照镜镇前寺庄村西 400 m
9	海河基深 23	海河南系	漳卫河平原区	113.933 0	35.391 9	新乡白鹭化纤有限公司
10	长垣 15	花园口以下	金堤河天然文岩渠	114.716 7	35.183 3	长垣县城关镇顿庄村村东 55 m
11	长垣芦岗	花园口以下	花园口以下干流区	114.824 7	35.149 5	长垣芦岗乡双庙村
12	原阳 1	花园口以下	花园口以下干流区	113.883 3	34.933 3	原阳县官厂乡官厂村南 430 m
13	原阳 15	花园口以下	金堤河天然文岩渠	114.033 3	35.016 7	原阳县大宾乡大宾村内
14	延津 5	花园口以下	金堤河天然文岩渠	114.216 7	35.316 7	延津县胙城乡中城后村北 50 m
15	延津 7	花园口以下	金堤河天然文岩渠	114.066 7	35.200 0	延津县于林乡大于林村西 400 m
16	封丘 10	花园口以下	金堤河天然文岩渠	114.300 0	35.033 3	封丘县应举乡东獐鹿市村村南 150 m
17	封丘 27 荆隆宫水源地	花园口以下	金堤河天然文岩渠	114.316 7	34.966 7	封丘荆隆宫乡荆隆宫村西南 360 m

三、地下水水资源质量评价

（一）评价依据

依据《地下水质量标准》（GB/T 14848—93）进行评价。

（二）评价项目

评价项目：pH、氨氮、硝酸盐、亚硝酸盐、挥发酚、氰化物、六价铬、铅、氟、镉、铁、锰、高锰酸盐指数、铜、锌。

（三）评价方法

地下水评价分为单组分评价和综合评价两种方式进行。

1. 单组分评价方法

首先按照《地下水质量标准》（GB/T 14848—93）中地下水质量分类指标划分各项目组分所属质量类别，不同类别标准值相同时，从优从劣，单组分评价结果分为Ⅰ、Ⅱ、Ⅲ、Ⅳ、Ⅴ共五类水质。

Ⅰ类主要反映地下水化学组分的天然低背景含量适用于各种用途。

Ⅱ类主要反映地下水化学组分的天然背景含量适用于各种用途。

Ⅲ类以人体健康基准值为依据，主要适用于集中式生活饮用水水源及工、农业用水。

Ⅳ类以农业和工业用水要求为依据，除适用于农业和部分工业用水外，适当处理后可作为生活饮用水。

Ⅴ类不宜饮用，其他用水可根据使用目的选用。

2. 综合评价方法

综合评价方法是在单组分评价的基础上进行的，对单组分评价出的各水质类别按表7-12的规定分别确定单组分评价分值 F_i，按式（7-9）、式（7-11）计算综合评价分值 F：

$$F = \sqrt{\frac{\overline{F}^2 + F_{\max}^2}{2}} \tag{7-9}$$

$$\overline{F} = \frac{1}{n}\sum_{n=1}^{n} F_i \tag{7-10}$$

式中，$\overline{F}$ 为各单项组分评分值 F_i 的平均值；$F_{\max}$ 为单项组分评价分值 F_i 中的最大值；n 为项数。

表7-12　地下水综合评价类别分值对照

类别	Ⅰ	Ⅱ	Ⅲ	Ⅳ	Ⅴ
F_i	0	1	3	6	10

根据 F 值，按表7-13的规定划分地下水质量级别。评价结果分为优良、良好、较好、较差、极差五类。

表7-13　地下水质量级别对照

级别	优良	良好	较好	较差	极差
F	<0.80	0.80≤2.50	2.50<4.25	4.25≤7.20	>7.20

（四）地下水水资源质量评价结果

1. 单组分评价结果

所有参与评价的17眼井中5眼井为Ⅴ类标准，占29.4%；5眼井为Ⅳ类标准，占

29.4%；7 眼井为Ⅲ类标准，占 41.2%。其中地下水超标项目主要为氨氮、硝酸盐氮等，详见表 7-14。地下水水质现状分布图见附图 7。

2. 综合评价结果

所有参与评价的 17 眼井中 5 眼井综合级别为较差，占总评价井数的 29.4%；5 眼井综合级别为较好，占总评价井数的 29.4%；7 眼井综合级别为良好，占总评价井数的 41.2%；详见图 7-2、表 7-15。

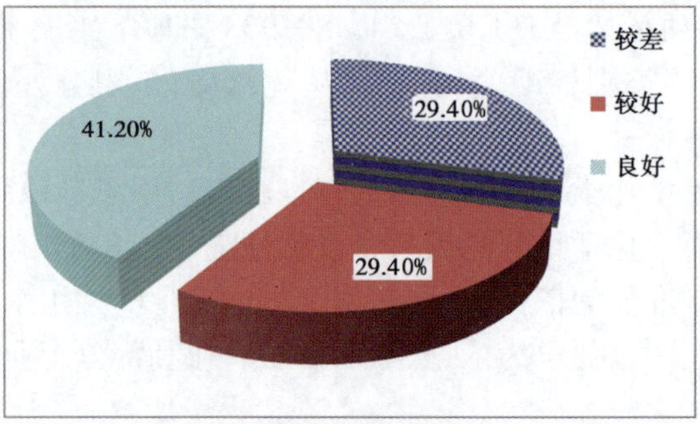

图 7-2　地下水综合评价结果

表 7-14　新乡市地下水资源质量单组分评价结果

所在行政区	站名	水质类别	超标项目
牧野区	新乡市 25	Ⅲ	
卫滨区	新乡海河基浅 98	Ⅳ	氨氮(0.3)[0.261]
凤泉区	新乡海河基浅 99	Ⅲ	
卫辉市	卫辉 4	Ⅳ	氨氮(0.0)[0.202]
辉县	辉县 7	Ⅳ	硝酸盐氮(0.4)[27.5]
辉县	辉县 20	Ⅲ	
辉县	辉县大官庄	Ⅴ	硝酸盐氮(0.3)[25.0]
获嘉	获嘉 19	Ⅴ	硝酸盐氮(1.0)[39.1]，锰(0.7)[0.17]
长垣	长垣 15	Ⅳ	氨氮(0.2)[0.230]
长垣	长垣芦岗	Ⅲ	
原阳	原阳 1	Ⅴ	氨氮(2.8)[0.766]，亚硝酸盐氮(0.4)[0.027]
原阳	原阳 15	Ⅲ	
延津	延津 5	Ⅲ	
延津	延津 7	Ⅴ	氨氮(1.8)[0.564]
凤泉区	海河基深 23	Ⅲ	
封丘	封丘 10	Ⅳ	氨氮(0.2)[0.244]
封丘	封丘 27 荆隆宫水源地	Ⅴ	氨氮(2.7)[0.734]，铁(0.0)[0.30]

表 7-15 新乡市地下水资源质量综合评价汇总

所在流域	监测井名称	水资源二级区	水资源三级区	水质类别	综合级别
海河	新乡 25	海河南系	漳卫河平原区	Ⅲ	良好
	新乡海河基浅 98	海河南系	漳卫河平原区	Ⅳ	较好
	新乡海河基浅 99	海河南系	漳卫河平原区	Ⅲ	良好
	卫辉 4	海河南系	漳卫河平原区	Ⅳ	较好
	辉县 7	海河南系	漳卫河山区	Ⅳ	较好
	辉县 20	海河南系	漳卫河山区	Ⅲ	良好
	辉县大官庄	海河南系	漳卫河平原区	Ⅴ	较差
	获嘉 19	海河南系	漳卫河平原区	Ⅴ	较差
	海河基深 23	海河南系	漳卫河平原区	Ⅲ	良好
黄河	长垣 15	花园口以下	金堤河天然文岩渠	Ⅳ	较好
	长垣芦岗	花园口以下	花园口以下干流区	Ⅲ	良好
	原阳 1	花园口以下	花园口以下干流区	Ⅴ	较差
	原阳 15	花园口以下	金堤河天然文岩渠	Ⅲ	良好
	延津 5	花园口以下	金堤河天然文岩渠	Ⅲ	良好
	延津 7	花园口以下	金堤河天然文岩渠	Ⅴ	较差
	封丘 10	花园口以下	金堤河天然文岩渠	Ⅳ	较好
	封丘 27 荆龙宫水源地	花园口以下	金堤河天然文岩渠	Ⅴ	较差

四、地下水水质变化趋势分析

（一）趋势分析方法

（1）选用质量较好、监测年份多且具有代表性的地下水水质监测井，作为地下水水质变化趋势分析的选用水质监测井。

（2）根据选用水质监测井的水质监测资料，通过点绘各水质监测项目监测值的动态曲线，分析水质历年变化情况，记录有显著动态变化特征的监测项目名称以及监测起止年份、监测值，计算监测起止期间相应数值的年均变化量和年均变化率。简易分析方法如下：

首先，选取有显著变化的监测项目 i，该监测项目 i 在起始监测年份（t_1）的监测值为 C_{i1}，在终止监测年份（t_2）的监测值为 C_{i2}，则该监测项目监测值的年均变化量 ΔC_i 为：

$$\Delta C_i = \frac{C_{i2} - C_{i1}}{t_2 - t_1} \tag{7-11}$$

该监测项目监测值的年均变化率 RC 则为

$$RC = \frac{\Delta C_i}{C_{i1}} \times 100\% \tag{7-12}$$

然后,根据计算结果,将地下水中监测项目 i 的变化趋势分成恶化($RC>5\%$)、稳定($-5\% \leqslant RC \leqslant 5\%$)和改善($RC<-5\%$)三大类。年均变化量的精确位数与监测值相同,年均变化率要求精确至十分位。

(二)趋势分析结果

基于选用质量较好、监测年份多且具有代表性的地下水水质监测井,作为地下水水质变化趋势分析的选用水质监测井这一原则,且2009～2012年的地下水水质监测井与之前的监测井地点相差较大,监测时间也比较短,所以新乡市地下水水质变化趋势分析选择西黑堆、杨岗、东马坊和金家营四眼井2003～2008年监测资料与新乡海河基浅98和新乡海河基浅99两眼井2009～2012年监测资料分别进行两个阶段的趋势分析,各代表井水质变化趋势分析统计成果见表7-16和表7-17。

地下水水质趋势分析代表井共6个,分布在新乡市区和近郊区。趋势分析水质指标为总硬度、硫酸盐、氯化物、高锰酸盐指数、硝酸盐氮、亚硝酸盐氮、氨氮和氟化物8项。

表7-16为2003～2008年新乡市地下水水质变化趋势,可见,总硬度、硫酸盐和高锰酸盐指数恶化、稳定和改善的井数比例为2∶1∶1;氯化物和氟化物恶化和稳定的井数比例为1∶3;硝酸盐氮恶化和改善的井数比例为3∶1;亚硝酸盐氮恶化、稳定和改善的井数比例为1∶1∶2;氨氮全部为恶化趋势。

表7-16　2003～2008年新乡市地下水水质变化趋势分析

监测井	年份	总硬度	硫酸盐	氯化物	高锰酸盐指数	硝酸盐氮	亚硝酸盐氮	氨氮	氟化物	备注
西黑堆	2003	544	154	158	1.8	11.6	0.005	0.09	0.81	采用2003～2008年资料
	2008	907	219	184	1.6	78.7	0.004	0.20	0.69	
	ΔC	72.6	12.9	5.1	0.0	13.4	0.000	0.02	-0.03	
	RC(%)	13.3	8.4	3.2	-2.1	116	-5.0	23.0	-3.1	
杨岗	2003	497	196	203	1.1	12.5	0.033	0.09	0.49	
	2008	621	181	225	1.7	21.2	0.141	0.40	0.57	
	ΔC	24.7	-3.0	4.4	0.1	1.74	0.022	0.06	0.02	
	RC(%)	5.0	-1.5	2.2	10.0	13.9	65.3	67.8	3.1	
东马坊	2003	987	612	34.7	0.9	0.930	0.036	0.18	0.64	
	2008	668	162	63.3	1.7	0.215	0.011	0.65	0.75	
	ΔC	-63.8	-89.9	5.7	0.2	-0.143	-0.005	0.09	0.02	
	RC(%)	-6.5	-14.7	16.5	16.7	-15.4	-14.2	51.7	3.4	
金家营	2003	449	248	345	2.3	1.79	0.064	0.11	0.56	氨氮采用2005～2008年资料
	2008	1 950	2 030	373	1.6	11.4	0.002	0.26	0.94	
	ΔC	300	356	5.5	-0.1	1.91	-0.013	0.05	0.08	
	RC(%)	66.8	144	1.6	-6.1	107	-19.5	45.5	13.6	

表7-17为2009～2012年新乡市地下水水质变化趋势分析结果，可见，总硬度恶化和稳定的比例为1∶1；硫酸盐稳定和改善的比例为1∶1；氯化物全部为稳定；高锰酸盐指数恶化和稳定的比例为1∶1；硝酸盐氮恶化和稳定的比例为1∶1；亚硝酸盐氮全部为改善；氨氮稳定和改善的比例为1∶1；氟化物稳定和改善的比例为1∶1。

表7-17　2009～2012年新乡市地下水水质变化趋势分析

监测井	年份	总硬度	硫酸盐	氯化物	高锰酸盐指数	硝酸盐氮	亚硝酸盐氮	氨氮	氟化物
新乡海河基浅98	2009	552	374	152	1.0	3.20	0.048	0.090	0.94
	2012	696	153	147	0.8	1.45	0.000	0.087	0.56
	ΔC	48.0	-73.7	-1.7	-0.1	-0.583	-0.016	-0.001	-0.13
	RC(%)	8.7	-19.7	-1.1	-6.7	-18.2	-33.3	-1.1	-13.5
新乡海河基浅99	2009	334	83.9	26.6	0.5	5.88	0.001	0.130	0.48
	2012	362	93.7	28.8	0.6	8.24	0.000	0.096	0.45
	ΔC	9.3	3.3	0.7	0.0	0.787	0.000	-0.011	-0.01
	RC(%)	2.8	3.9	2.8	6.7	13.4	-33.3	-8.7	-2.1

五、地下水水质评价结论

对全市17眼有代表性的地下水监测井用《地下水质量标准》(GB/T 14848—93)进行评价，全年共监测两次。参加评价的项目为pH、氨氮、硝酸盐、亚硝酸盐、挥发酚、氰化物、六价铬、铅、氟、镉、铁、锰、高锰酸盐指数、铜、锌。

全市17眼地下水质监测井中超标项目较多的有3眼井，其超标项目如下：获嘉19监测井超标项目有硝酸盐氮、锰；原阳1监测井超标项目有氨氮、亚硝酸盐氮；封丘27荆隆宫水源地超标项目有氨氮、铁。

分别按单组分评价和综合评价两种方式进行评价。单组分评价显示，所有参与评价的17眼井中5眼井为Ⅴ类标准，占29.4%，5眼井为Ⅳ类标准，占29.4%，7眼井为Ⅲ类标准，占41.2%。其中地下水超标项目主要为氨氮、硝酸盐氮等。综合评价结果，所有参与评价的17眼井中5眼井综合级别为较差，占总评价井数的29.4%，5眼井综合级别为较好，占总评价井数的29.4%，7眼井综合级别为良好，占总评价井数的41.2%。

从分析结果来看，2003～2008年新乡市地下水水质变化趋势整体呈恶化趋势，其中以氨氮和硝酸盐氮恶化趋势最为严重。2009～2012年新乡市地下水水质变化趋势相比之前有所改善，尤其以氨氮和硝酸盐氮改善趋势最为明显。

第八章 结 论

水资源是人类不可缺少、不可替代的资源,新乡市水资源年际、年内和地区分配不均,人均和亩均水资源占有量明显不足,对社会经济和人民生活均产生一定程度的影响。随着经济社会的持续发展,对水资源的需求将会不断增加。水资源评价工作是水资源综合规划和优化配置工作的一项前期重要工作,是科学管理水资源的前提,对水资源的可持续利用提供坚实的科学依据。

一、降水量、蒸发量及干旱指数

(一)降水量

1956~2011 年系列,新乡全市年均降水量 610.7 mm,海河流域年均降水量 642.3 mm,黄河流域年均降水量 584.7 mm。各分区年均降水量详见表 8-1 和表 8-2。

1956~2011 年系列与前一次评价 1956~1979 年系列相比,全市多年平均降水量由 642.6 mm 减少到 610.7 mm,减少 31.9 mm,减幅 5.0%;其中,黄河流域由 614.8 mm 减少到 584.7 mm,减少 30.1 mm,减幅为 4.9%;海河流域由 676.5 mm 减少到 642.3 mm,减少 34.2 mm,减幅为 5.1%。

表 8-1 新乡市流域分区 1956~2011 年系列降水量成果

流域分区		计算面积(km^2)	年均降水量		占比(%)
			(mm)	(万 m^3)	
海河流域	漳卫河山丘区	1 560	701.2	109 380	21.7
	漳卫河平原区	2 158	599.8	129 430	25.7
	小计	3 718	642.3	238 809	47.4
黄河流域	小浪底—花园口区间	53	569.5	3 019	0.6
	金堤河天然文岩渠区	3 801	586.2	222 813	44.2
	花园口以下干流区	677	577.7	39 113	7.8
	小计	4 531	584.7	264 944	52.6
新乡市		8 249	610.7	503 753	100

(二)蒸发量

水面蒸发量评价选择了大车集和合河 2 个代表站,资料系列为 1965~2011 年,多年平均蒸发量分别为 862.9 mm、902.6 mm。

按系列进行对比分析详见表 8-3,1980~2011 年系列水面蒸发量比 1965~1979 年系列有所偏少,大车集减幅 18.8%,合河减幅 19.0%,说明蒸发量有较递减趋势。

表 8-2 新乡市行政分区 1956 ~ 2011 年系列降水量成果

行政分区	计算面积 (km^2)	年均降水量		所占比例 (%)
		(mm)	(万 m^3)	
市区	346	603.6	20 884	4.1
新乡县	365	597.7	21 815	4.3
卫辉市	878	642.6	56 418	11.2
辉县市	1 682	670.4	112 753	22.4
获嘉县	460	599.5	27 576	5.5
原阳县	1 329	583.3	77 526	15.4
延津县	948	586.7	55 622	11
封丘县	1 190	584.9	69 605	13.8
长垣县	1 051	585	61 480	12.2
新乡市	8 249	610.7	503 753	100

表 8-3 代表站不同系列水面蒸发量对比

站名	1980 ~ 2011 年 (mm)	1965 ~ 2011 年 (mm)	1965 ~ 1979 年 (mm)	1965 ~ 2011 年比 1965 ~ 1979 年偏小比例(%)	1980 ~ 2011 年比 1965 ~ 1979 年偏小比例(%)
大车集	803.5	862.9	989.7	12.8	18.8
合河	839.9	902.6	1 036.4	12.9	19.0

蒸发量与降水量情况相似，20 世纪六七十年代，蒸发量较大，20 世纪 80 年代至今蒸发量也处于低值期，这与降水量的年际变化规律类似。

（三）干旱指数

干旱指数为年蒸发能力与年降水量的比值，是反映气候干湿程度的指标，因年蒸发能力与 E_{601} 蒸发器测得的水面蒸发量存在着线性关系，所以多年平均干旱指数采用多年平均 E_{601} 年水面蒸发量与多年平均年降水量之比。新乡市代表站的干旱指数分别为大车集 1.45、合河 1.61。根据干旱指数计算结果，以气候分布带划分等级标准为依据，新乡市属于半湿润气候特征。

二、地表水资源数量评价

1956 ~ 2011 年系列，新乡全市多年平均地表水资源量为 7.974 8 亿 m^3，折合径流深 96.7 mm；最大值出现在 1963 年，为 24.190 3 亿 m^3，最小值出现在 1997 年，为 1.937 5 亿 m^3，极值比为 12.49。其中，黄河流域多年平均地表水资源量为 3.019 7 亿 m^3，折合径流深 66.6 mm，最大值出现在 1964 年，为 7.103 3 亿 m^3，最小值出现在 1981 年，为 0.592 8

亿 m^3,极值比为12.0;海河流域多年平均地表水资源量为4.955 0亿 m^3,折合径流深133.3 mm,最大值出现在1963年,为18.412 9亿 m^3,最小值出现在1986年,为1.224 8亿 m^3,极值比为15.0。各分区地表水资源量详见表8-4和表8-5。

1956~2011年新乡全市多年平均地表水资源量7.974 8亿 m^3,比1956~1979年系列均值8.796 0亿 m^3 偏小9.3%。

表8-4　新乡市流域分区1956~2011年系列地表水资源量成果

流域分区		计算面积(km^2)	地表水资源量(亿 m^3)	径流深(mm)	最大年地表水资源量(亿 m^3)	最小年地表水资源量(亿 m^3)	极值比
海河流域	漳卫河山区	1 560	2.925 7	187.5	10.120 4	0.552 2	18.3
	漳卫河平原区	2 158	2.029 3	94.0	8.929 9	0.450 1	19.8
	小计	3 718	4.955 0	133.3	18.412 9	1.224 8	15.0
黄河流域	小浪底—花园口区间	53	0.037 0	69.8	0.087 1	0.007 3	11.9
	金堤河天然文岩渠区	3 801	2.654 2	69.8	6.243 4	0.521 0	12.0
	花园口以下干流区	677	0.328 6	48.5	0.772 9	0.064 5	12.0
	小计	4 531	3.019 8	66.6	7.103 3	0.592 8	12.0
新乡市		8 249	7.974 8	96.7	24.190 3	1.937 5	12.5

表8-5　新乡市行政分区1956~2011年系列地表水资源量成果

行政分区	计算面积(km^2)	地表水资源量(亿 m^3)	径流深(mm)	最大地表水资源量(亿 m^3)	最小地表水资源量(亿 m^3)	极值比
市区	430	0.417 0	97.0	1.757 4	0.094 9	18.5
新乡县	356	0.321 5	90.3	1.319 0	0.073 5	17.9
卫辉市	865	1.150 7	133.0	4.196 6	0.286 5	14.6
辉县市	1 682	2.676 7	159.1	9.232 9	0.599 8	15.4
获嘉县	470	0.439 5	93.5	1.916 9	0.097 9	19.6
原阳县	1 319	0.848 3	64.3	1.996 3	0.167 7	11.9
延津县	886	0.627 2	70.8	1.491 6	0.132 0	11.3
封丘县	1 190	0.792 6	66.6	1.864 5	0.155 6	12.0
长垣县	1 051	0.701 3	66.7	1.649 7	0.137 7	12.0
新乡市	8 249	7.974 8	96.7	24.190 3	1.937 5	12.5

三、地下水资源数量评价

地下水资源量一般指可以更新的地下那一部分水资源量，也就是能够及时得到降水、地表水体补充的浅层地下水资源量。1956～2011 年系列，新乡全市年均地下水资源量为 11.592 1 亿 m^3。其中海河流域为 5.463 3 亿 m^3，黄河流域为 6.128 9 亿 m^3，详见表 8-6 和表 8-7。

表 8-6 新乡市流域分区 1956～2011 年系列地下水资源量特征值

流域三级区	统计参数			不同频率年地下水资源量(亿 m^3)			
	均值(亿 m^3)	C_v	C_s/C_v	20%	50%	75%	95%
漳卫河山区	2.764 9	0.24	3.0	3.287 9	2.685 9	2.285 0	1.824 9
漳卫河平原区	2.698 4	0.40	2.0	3.540 1	2.555 9	1.914 3	1.199 6
小浪底—花园口区间	0.035 7	0.50	2.0	0.049 2	0.032 8	0.022 6	0.012 2
金堤河天然文岩渠区	5.383 7	0.35	1.5	6.802 7	5.219 5	4.039 4	2.589 7
花园口以下干流区	0.708 5	0.40	2.0	0.929 5	0.671 1	0.502 6	0.315 0
合计	11.592 1	0.30	2.0	14.372 5	11.246 3	9.096 9	6.523 0

表 8-7 新乡市行政分区 1956～2011 年系列地下水资源量特征值

行政分区	统计参数			不同频率年地下水资源量(亿 m^3)			
	均值(亿 m^3)	C_v	C_s/C_v	20%	50%	75%	95%
市区	0.551 1	0.38	2.0	0.715 2	0.524 8	0.399 3	0.257 4
新乡县	0.454 3	0.40	2.0	0.596 0	0.430 3	0.322 3	0.202 0
卫辉市	1.280 7	0.26	2.0	1.549 3	1.252 0	1.043 2	0.786 4
辉县市	2.714 4	0.22	2.5	3.194 5	2.659 9	2.287 5	1.833 9
获嘉县	0.589 3	0.40	2.0	0.773 2	0.558 2	0.418 1	0.262 0
原阳县	1.701 8	0.35	1.5	2.181 9	1.649 9	1.276 8	0.818 6
延津县	1.249 1	0.35	1.5	1.601 6	1.211 0	0.937 2	0.600 9
封丘县	1.619 2	0.35	1.5	2.076 0	1.569 8	1.214 9	0.778 9
长垣县	1.432 3	0.35	1.5	1.836 4	1.388 6	1.074 6	0.689 0
新乡市	11.592 1	0.30	2.0	14.372 5	11.246 3	9.096 9	6.523 0

四、水资源总量评价

全市 1956～2011 年多年平均水资源总量为 15.988 5 亿 m^3，产水模数 19.4 万 m^3/km^2。

产水模数最大的是辉县市，为 25.5 万 m^3/km^2；产水模数最小的是原阳县，为 16.0 万 m^3/km^2。各行政县市水资源量情况详见表 8-8。

表 8-8 1956~2011 年系列新乡市行政分区水资源总量成果

行政分区	面积(km^2)	水资源总量(亿 m^3)	产水模数(万 m^3/km^2)	人均水资源量(m^3/人)
市区	430	0.823 4	19.1	78.35
新乡县	356	0.660 5	18.6	196.29
卫辉市	865	1.977 9	22.9	401.03
辉县市	1 682	4.293 5	25.5	584.31
获嘉县	470	0.882 1	18.8	220.14
原阳县	1 319	2.104 1	16.0	321.48
延津县	886	1.529 2	17.3	327.94
封丘县	1 190	1.972 9	16.6	272.46
长垣县	1 051	1.744 9	16.6	218.55
新乡市	8 249	15.988 5	19.4	282.51

黄河流域多年平均水资源总量为 7.491 4 亿 m^3，产水模数 16.5 万 m^3/km^2；海河流域多年平均水资源总量为 8.497 1 亿 m^3，产水模数 22.9 万 m^3/km^2。产水模数最大的是漳卫河山区为 28.5 万 m^3/km^2，产水模数最小的是花园口以下干流区为 12.7 万 m^3/km^2。

各行政分区中，多年平均水资源总量最大的是辉县市，为 4.293 5 亿 m^3；最小的是新乡县，为 0.660 5 亿 m^3。新乡市人均水资源量 282.51 m^3/人，仅为全国人均水资源量 2 100 m^3/人的 13.5%。其中，辉县市人均水资源量最大，为 584.31 m^3/人，最小的是市区，人均水资源量为 78.35 m^3/人（按 2011 年人口统计计算）。亩均水资源量 258.1 m^3/亩，仅为全国亩均水资源量 1 473 m^3/亩的 17.5%。

1956~2011 年多年平均水资源总量与 1956~1979 年（17.678 2 亿 m^3）相比较，全市年均水资源总量偏小 9.6%，其中偏小最多的是获嘉县，11.44%；偏小最少的是延津县，7.61%。各行政县市水资源总量情况详见表 8-9。

全市水资源总量总体上呈递减趋势，20 世纪 50 年代最大，为 18.999 6 亿 m^3，20 世纪 80 年代最小，为 13.483 1 亿 m^3，进入 21 世纪后，年均水资源量为 15.873 9 亿 m^3，比多年平均水资源量 15.988 5 亿 m^3 略偏小。

五、地表水质量评价

地表水水质评价以水功能区为单元进行，评价依据 2011 年监测成果。

新乡市按流域划分属海河流域和黄河流域，参与水功能区划的河流共 12 条，分别是卫河、峪河、石门河、百泉河、沧河、大狮涝河、西孟姜女河、东孟姜女河、人民胜利渠、共产主义渠、天然文岩渠、金堤河。在这 12 条河流上共划定一级水功能区 14 个（监测 2 个），二级水功能区 28 个（监测 28 个）；定期监测 30 个，监测河长 710.7 km，评价河长 693.7 km。

表 8-9 1956～2011 年与 1956～1979 年系列年均水资源总量比较 （单位:亿 m^3）

行政分区	1956～1979 年系列年均水资源总量	1956～2011 年系列年均水资源总量	偏差值	相对偏差(%)
市区	0.928 2	0.823 4	-0.104 8	-11.29
新乡县	0.741 8	0.660 5	-0.081 3	-10.96
卫辉市	2.220 9	1.977 9	-0.243 0	-10.94
辉县市	4.816 3	4.293 5	-0.522 8	-10.86
获嘉县	0.996 0	0.882 1	-0.113 9	-11.44
原阳县	2.287 4	2.104 1	-0.183 3	-8.01
延津县	1.655 1	1.529 2	-0.125 9	-7.61
封丘县	2.140 1	1.972 9	-0.167 2	-7.81
长垣县	1.892 4	1.744 9	-0.147 5	-7.79
新乡市	17.678 2	15.988 5	-1.689 7	-9.56

2011 年共计评价 29 个水功能区，其中达标 4 个，达标率为 13.8%；汛期共计评价 29 个水功能区，其中达标 7 个，达标率为 24.1%；非汛期共计评价 29 个水功能区，其中达标 5 个，达标率为 17.2%。

2011 年新乡市监测水功能区河长共计 710.7 km，评价水功能区河长共计 693.7 km，全年达标河长 108 km，达标率为 15.6%；汛期达标河长 224.2 km，达标率为 32.3%；非汛期达标河长 145 km，达标率为 20.9%，新乡市地表水功能区全年、汛期、非汛期主要特征污染物以化学需氧量和氨氮为主。

2011 年新乡市河流整体呈现严重污染状态。新乡市所辖范围内监测的 3 座中型水库水体富营养化状况均为轻度富营养状态。

新乡市地表水质变化趋势以重点水功能区监测数据为代表进行分析。卫河卫辉排污控制区，水质监测断面“汲县(二)”，高锰酸盐指数显著下降，氨氮显著下降，化学需氧量无明显升降趋势；共产主义渠新乡市鹤壁市农业用水区①，水质代表断面“黄土岗(二)”，高锰酸盐指数显著下降，氨氮显著下降，化学需氧量无明显升降趋势。

六、地下水质量评价

(一)平原区地下水水化学特征及其分布

根据舒卡列夫分类法，全市平原区地下水以 Na·Ca·Mg—HCO_3 型为主。其中，金堤河和天然文岩渠区的黄河流域的地下水以 HCO_3—Na·Mg 为主，即 6 型水，阴离子以 HCO_3 型和 HCO_3·Cl 型为主，阳离子以 Na·Mg 为主；漳卫河平原区以 5 型水，即 HCO_3—Na·Ca·Mg 型为主，阴离子以 HCO_3 型为主，阳离子以 Na·Ca·Mg 为主。

(二)平原区地下水现状水质评价

对全市 17 眼有代表性的地下水监测井用《地下水质量标准》(GB/T 14848—93)进行评价，全年共监测两次。参加评价的项目为：pH、氨氮、硝酸盐、亚硝酸盐、挥发酚、氰化物、六价铬、铅、氟、镉、铁、锰、高锰酸盐指数、铜、锌。

全市17眼地下水质监测井中超标项目较多的有3眼井，其超标项目如下：获嘉19监测井超标项目有硝酸盐氮、锰；原阳1监测井超标项目有氨氮、亚硝酸盐氮；封丘27荆隆宫水源地超标项目有氨氮、铁。

分别按单组分评价和综合评价两种方式进行评价。单组分评价显示，所有参与评价的17眼井中5眼井为Ⅴ类标准，占29.4%；5眼井为Ⅳ类标准，占29.4%；7眼井为Ⅲ类标准，占41.2%。其中地下水超标项目主要为氨氮、硝酸盐氮等。综合评价结果，所有参与评价的17眼井中5眼井综合级别为较差，占总评价井数的29.4%，5眼井综合级别为较好，占总评价井数的29.4%，7眼井综合级别为良好，占总评价井数的41.2%。

（三）平原区地下水水质变化

与2000年相比，新乡市地下水水质变化趋势整体呈恶化趋势，其中以氨氮和硝酸盐氮恶化趋势最为严重(2000年，新乡全市17眼地下水监测井中尚有Ⅲ类水、Ⅳ类水)。

七、水资源可利用总量评价

（一）地表水可利用量

全市地表水资源可利用量为3.4989亿m^3，占地表水资源量7.9748亿m^3的43.9%。其中，黄河流域地表水资源可利用量为1.1280亿m^3；海河流域地表水资源可利用量为2.3709亿m^3。各县市及流域分区的地表水资源可利用量情况详见表8-10和表8-11。

表8-10 新乡市行政分区地表水可利用量估算成果 （单位：亿m^3）

行政分区	年均地表水可利用量	不同保证率的地表水可利用量	
		50%	75%
市区	0.1749	0.1389	0.0797
新乡县	0.1389	0.1113	0.0654
卫辉市	0.6236	0.5343	0.3744
辉县市	1.2812	1.0628	0.6870
获嘉县	0.2031	0.1625	0.0995
原阳县	0.3789	0.3466	0.2369
延津县	0.1959	0.1724	0.0916
封丘县	0.2500	0.2207	0.1194
长垣县	0.2524	0.2257	0.1349
新乡市	3.4989	3.1444	2.0499

（二）地下水可开采量

新乡全市地下水资源可开采量为8.3669亿m^3，占地下水资源量11.5921亿m^3的72.2%，各行政及流域分区地下水可开采量情况详见表8-12和表8-13，辉县市地下水可开采量最大，为1.6925亿m^3，新乡县最小，为0.3250亿m^3。

表 8-11 新乡市流域分区地表水可利用量估算成果 （单位：亿 m^3）

流域分区		多年平均地表水可利用量	不同保证率的地表水可利用量	
			50%	75%
海河流域	漳卫河山区	1.481 5	1.228 2	0.813 0
	漳卫河平原区	0.889 4	0.698 6	0.406 9
黄河流域	小浪底—花园口区间	0.014 8	0.013 4	0.008 6
	金堤河天然文岩渠区	0.985 5	0.883 7	0.539 1
	花园口以下干流区	0.127 7	0.115 2	0.072 5
新乡市		3.498 9	2.939 0	2.049 9

表 8-12 新乡市流域分区地下水资源可开采量估算成果 （单位：亿 m^3）

流域	流域分区	多年平均地下水可开采量	不同保证率地下水可开采量	
			50%	75%
海河流域	漳卫河山区	1.659 0	1.609 9	1.385 2
	漳卫河平原区	1.888 8	1.753 6	1.357 8
黄河流域	小浪底—花园口区间	0.026 8	0.023 5	0.016 9
	金堤河天然文岩渠区	4.253 1	4.024 7	3.224 5
	花园口以下干流区	0.539 2	0.503 0	0.392 7
新乡市		8.366 9	8.051 3	6.682 0

表 8-13 新乡市行政分区地下水可开采量估算成果 （单位：亿 m^3）

行政分区	多年平均地下水可开采量	不同保证率的地下水开采量	
		50%	75%
市区	0.385 1	0.358 8	0.280 1
新乡县	0.325 0	0.302 8	0.236 0
卫辉市	0.835 5	0.792 9	0.647 9
辉县市	1.692 5	1.623 7	1.361 3
获嘉县	0.413 8	0.384 4	0.297 9
原阳县	1.331 9	1.254 9	0.998 2
延津县	0.982 9	0.929 5	0.743 9
封丘县	1.273 5	1.203 2	0.961 2
长垣县	1.126 7	1.064 5	0.850 5
新乡市	8.366 9	8.051 3	6.682 0

(三)水资源可利用总量

新乡全市多年平均水资源可利用总量估算为8.427 0亿 m^3,占水资源总量15.988 5亿 m^3 的52.7%,其中黄河流域水资源可利用总量为4.136 2亿 m^3;海河流域水资源可利用总量为4.290 9亿 m^3。50%保证率时,水资源可利用量为7.551 5亿 m^3,75%保证率时的水资源可利用量为5.293 1亿 m^3。各行政区及流域分区的水资源可利用量情况详见表8-14和表8-15,行政县市中,辉县市水资源可利用量最大,为2.629 8亿 m^3,新乡县水资源可利用量最小,为0.210 1亿 m^3;新乡市人均水资源可利用量为148.9 m^3/人,其中,人均水资源可利用量最大的行政县市是辉县市,为357.9 m^3/人,最小的是市区,仅为25.2 m^3/人(按2011年人口计算)。

表8-14 新乡市流域分区水资源可利用总量估算成果 (单位:亿 m^3)

流域	流域分区	多年平均水资源可利用总量	不同保证率水资源可利用总量	
			50%	75%
海河流域	漳卫河山区	3.140 5	2.838 1	2.198 2
	漳卫河平原区	1.150 4	0.824 3	0.136 9
黄河流域	小浪底—花园口区间	0.041 6	0.036 9	0.025 5
	金堤河天然文岩渠区	3.427 6	3.097 4	1.952 6
	花园口以下干流区	0.667 0	0.618 2	0.465 2
新乡市		8.427 0	7.551 5	5.293 1

表8-15 新乡市行政分区水资源可利用总量估算成果 (单位:亿 m^3)

行政分区	多年平均水资源可利用总量	不同保证率水资源可利用总量	
		50%	75%
市区	0.265 1	0.200 7	0.062 3
新乡县	0.210 1	0.159 8	0.047 3
卫辉市	1.022 0	0.877 8	0.569 0
辉县市	2.629 8	2.325 6	1.682 5
获嘉县	0.254 2	0.183 9	0.034 3
原阳县	1.211 2	1.101 5	0.734 6
延津县	0.786 0	0.706 8	0.439 4
封丘县	1.088 1	0.987 4	0.642 5
长垣县	0.960 5	0.871 5	0.566 4
新乡市	8.427 0	7.551 5	5.293 1

八、水资源开发利用现状评价

(一)供水状况

2011 年新乡市各类供水工程的供水量 17.047 4 亿 m^3,其中蓄水工程供水量 0.856 4 亿 m^3,占总供水量的 5.02%,引水工程供水量 5.915 2 亿 m^3,占总供水量的 34.70%,提水工程供水量 0.558 2 亿 m^3,占总供水量的 3.27%,地下水工程供水量 8.308 0亿 m^3,占总供水量的 48.7%。

近 10 多年来,新乡市的供水结构发生了很大的变化。2011 年地表水工程占总供水量的 51.3%,比 2001 年的 47.8%增加了 3.5 个百分点,地下水工程 2011 年供水比例为 48.7%,比 2001 年的 52.2%减少了 3.5 个百分点,水源结构从以地下水供水为主向地表水与地下水联合供水转变。新乡市不同年份供水情况详见表 8-16。

表 8-16 新乡市不同年份供水量统计

年份	总供水量(亿 m^3)	地表水源供水量(亿 m^3)						地下水源供水量(亿 m^3)		
		蓄水工程	引水工程	提水工程	跨流域调水量	合计	占总供水量比例(%)	地下水	合计	占总供水量比例(%)
2001	23.657 0	0.996 7	9.357 4	0.952 6		11.306 7	47.8	12.345 8	12.345 8	52.2
2003	20.918 4	0.565 5	6.018 5	0.974 5		7.558 5	36.2	13.348 6	13.348 6	63.8
2005	16.080 9	0.854 6	2.586 0	1.498 3		4.938 9	30.8	11.123 7	11.123 7	69.2
2007	16.113 7	0.798 3	3.611 9	0.632 8	1.510 8	6.553 8	39.8	9.699 8	9.699 8	60.2
2009	18.670 1	0.826 0	5.718 7	0.664 1	1.532 0	8.362 0	44.8	10.308 1	10.308 1	55.2
2011	17.047 4	0.856 4	5.915 2	0.558 2	1.409 6	8.739 4	51.3	8.308 0	8.308 0	48.7

(二)用水状况

新乡市农业用水量和工业用水量是用水大户,2005 年农业和工业用水量分别为 11.576 亿 m^3 和 2.698 亿 m^3,分别占总用水量的 71.99%和 16.77%;生活用水量占总用水量的 11.24%。2005 ~2011 年,新乡市农业用水占总用水量的 70.28% ~73.25%,其次为工业用水,用水量占总用水量的 15.53% ~18.00%,用水量最小的为生活用水,仅为总用水量的 10.52% ~11.72%,详见表 8-17。

(三)开发利用程度

新乡市地表水开发利用率平均为 57.6%,总体为高开发利用区。各流域分区地表水开发利用率不同,在 6.0% ~106.1%,卫河平原区和小浪底—花园口区为高开发利用区;金堤河天然文岩渠区为中开发利用区;卫河山丘区和小浪底以下干流区为低或难开发利用区。新乡市浅层地下水平均开采率达 87.3%,各流域分区的开采率在 14.8% ~

187.8%。开采率最大的为卫河平原区，为 187.8%，其次为小浪底—花园口干流区，为 117.5%，花园口以下干流区，为 19.3%，卫河山丘区最小，为 14.8%。各行政分区的开采率在 22.2% ~268.3%。因此，新乡市水资源开发利用程度比较高，且属于资源型缺水地区。

表 8-17　新乡市不同年份各用户用水量情况统计

年份	用水量(亿 m^3)				用水比例(%)		
	生活	工业	农业	合计	生活	工业	农业
2005	1.807	2.698	11.576	16.081	11.24	16.77	71.99
2007	1.696	2.659	11.759	16.114	10.52	16.50	72.98
2009	2.096	2.899	13.676	18.670	11.22	15.53	73.25
2011	1.998	3.068	11.982	17.047	11.72	18.00	70.28

(四)用水指标

2011 年新乡市人均用水量 301.23 m^3/人，低于全国平均水平 454 m^3/人，高于河南省人均用水水平 222 m^3/人。城镇生活人均用水量为 148.04 L/(人·d)，低于全国城镇和河南省城镇人均生活用水量(分别为 198 L/(人·d)和 184 L/(人·d))。农村生活人均用水量 69.05 L/(人·d)，低于全国平均值 82 L/(人·d)。

2011 年新乡市工业万元产值用水量 39.30 m^3，低于全国的平均用水水平 78 m^3 和河南省工业万元产值用水量 46 m^3。

农田灌溉亩均用水量 246.38 m^3，低于全国的平均水平 415 m^3，高于河南省的农田灌溉亩均用水量 168 m^3。

全市各行政分区用水指标差别较大，单位用水量指标偏低。城镇生活人均用水指标比较合理；农村生活人均用水指标偏低，表明农村生活用水习惯还有较大改善空间。生态环境用水量严重不足。

附 录

附表1 新乡市遥测雨量站一览

序号	站名	站号	站址	经度	纬度
1	琵琶河	31020850	山西省陵川县夺火乡琵琶河村	113.321 7	35.549 7
2	官山	31021100	新乡市辉县市上八里乡官山村	113.521 2	35.569 1
3	宝泉	31005110	新乡市辉县市薄壁镇宝泉水库	113.457 2	35.486 6
4	黄水口	31021450	新乡市辉县市黄水乡河西村	113.685 0	35.590 5
5	石门	31005200	新乡市辉县市上八里乡石门水库	113.584 8	35.612 0
6	吴村	31020650	新乡市辉县市吴村乡吴村	113.482 0	35.395 0
7	辉县	31021650	新乡市辉县市雨量站	113.804 1	35.482 3
8	合河(共)	31006200	新乡市新乡县合河乡潘屯村	113.755 7	35.344 4
9	黄土岗	31006302	新乡市卫辉市城郊乡纸坊村	114.072 9	35.431 7
10	汲县	31003600	新乡市卫辉市城郊乡纸坊村	114.064 4	35.414 6
11	塔岗	31005500	新乡市卫辉市狮豹头乡塔岗水库	114.036 5	35.595 6
12	狮豹头	31005480	新乡市卫辉市狮豹头乡狮豹头水库	114.008 1	35.654 4
13	正面	31005485	新乡市卫辉市东拴马乡正面水库	113.973 1	35.679 5
14	西石门	31020750	山西省陵川县横水乡横水村	113.355 6	35.635 0
15	古郊	31020700	山西省陵川县古郊乡南边村	113.502 0	35.694 7
16	三郊口	31005580	新乡市辉县市三郊口水库	113.624 7	35.802 9
17	陈家院	31005550	新乡市辉县市三郊口乡陈家院水库	113.580 6	35.793 5
18	要街	31022900	新乡市辉县市西平罗乡要街水库	113.756 3	35.763 9
19	南寨	31022850	新乡市辉县市南寨镇南寨村	113.703 4	35.771 1
20	饮马口	31005460	新乡市平原乡饮马口村	113.890 0	35.311 3
21	朱付村	41402500	新乡市延津县僧固乡朱付村	114.242 9	35.189 1
22	原阳	41426050	新乡市原阳县城关乡	113.960 9	35.057 8
23	封丘	41425900	新乡市封丘县城关乡北关村	114.414 6	35.047 9
24	大车集	41402400	新乡市长垣县位庄镇大车集村	114.679 5	35.080 7
25	同庄	41402450	新乡市封丘县应举乡前仝庄	114.253 3	35.007 1
26	裴固闸	41402550	新乡市封丘县戚城乡裴固村	114.519 7	35.145 7

续附表1

序号	站名	站号	站址	经度	纬度
27	白草岗	31021150	新乡市辉县市冀屯乡白草岗村	113.599 7	35.437 1
28	高庄	31021500	新乡市辉县市高庄乡高庄村	113.751 7	35.555 1
29	后庄	31022855	新乡市辉县市沙窑乡新庄村	113.664 6	35.710 5
30	茅草庄	31021550	新乡市辉县市洪州乡茅草庄村	113.660 8	35.546 5
31	平甸	31020900	新乡市辉县市薄壁乡平甸村	113.444	35.509 7
32	五里窑	31021200	新乡市辉县市上八里乡五里窑村	113.565 5	35.620 8
33	西寨山	31020950	新乡市辉县市薄壁乡西寨山村	113.418 8	35.464 8
34	南坪	31022910	新乡市辉县市沙窑乡南坪村	113.611 4	35.712 4
35	西沙岗	31022930	新乡市辉县市西平罗乡西沙岗村	113.736 1	35.717
36	张村	31021510	新乡市辉县市张村乡政府	113.901 6	35.525 7
37	韩口	31022940	新乡市辉县市黄水乡韩口村	113.650 3	35.669 1
38	丁庄	31021540	新乡市辉县市南村镇丁庄村	113.759 9	35.640 8
39	柿园水库	31022870	新乡市辉县市柿园水库	113.611 0	35.829 0
40	长岭水库	31021611	新乡市辉县市拍石头乡后大地	113.800 1	35.610 2
41	新乡水利局	31005461	新乡市水利局办公楼 3 楼	113.855 0	35.316 0
42	新乡水文局	31005462	新乡市水文局办公楼 2 楼	113.901	35.322
43	孟营	31005463	新乡市孟营新村居民房 2 楼	113.848	35.283
44	豫北局	31005464	新乡市豫北局办公楼 3 楼	113.839	35.322
45	市政府	31005465	新乡市市政府	113.926	35.312
46	凤泉区政府	31005466	新乡市凤泉区政府	113.936	35.408
47	上八里	31021601	新乡市辉县市上八里镇上八里村	113.598	35.536
48	白云寺	31021602	新乡市辉县市薄壁镇白云寺村	113.533	35.484
49	鸭口	31021603	新乡市辉县市上八里镇鸭口村	113.545	35.509
50	张雷	31021604	新乡市辉县市百泉镇张雷村	113.736	35.503
51	占城	31021605	新乡市辉县市占城乡占城村	113.616	35.344
52	新村	31021606	新乡市辉县市南村乡新村	113.695	35.689
53	大块	31021742	新乡市新乡县大块镇政府	113.789	35.367
54	南于店	31021741	新乡市新乡县朗公庙镇南于店	113.926	35.201
55	小杨庄	31022001	新乡市延津县东屯镇小杨庄	114.066	35.308
56	新安	41427151	新乡市延津县小潭乡新安村	114.053	35.182

续附表 1

序号	站名	站号	站址	经度	纬度
57	王芦岗	41426351	新乡市长垣县芦岗乡王芦岗	114.823 0	35.181 0
58	东鲁堡	31005467	新乡市凤泉区耿黄乡东鲁堡	113.871 0	35.370 0
59	分将池	31005468	新乡市凤泉区潞王坟乡分将池	113.919 0	35.439 0
60	前郭柳	31005469	新乡市凤泉区潞王坟乡前郭柳	113.876 0	35.425 0
61	八里营	31005400	新乡市卫滨区平原乡八里营村	113.833 3	35.283 3
62	上乐	31003603	新乡市卫辉市上乐村镇上乐村	114.200 0	35.466 7
63	毛滩	31021945	新乡市新乡县七里营乡毛滩村	113.833 3	35.133 3
64	牛井	41426051	新乡市原阳县城关乡牛井村	113.950 0	35.066 7
65	季庄	41426000	新乡市原阳县桥北乡季庄村	113.650 0	34.966 7
66	庞古寨	41427100	新乡市延津县马庄乡庞古寨村	114.333 3	35.350 0
67	黄陵	41426301	新乡市封丘县黄陵镇黄陵村	114.650 0	34.983 3
68	水车里	41425901	新乡市封丘县城关乡水车里村	114.383 3	35.016 7
69	孔庄	41426370	新乡市长垣县常村镇孔庄村	114.650 0	35.166 7
70	辛丰	31021041	新乡市获嘉县大新庄乡辛丰村	113.650 0	35.200 0
71	朱付村	41402501	新乡市延津县僧固乡朱付村	114.242 9	35.189 1
72	大车集	41402401	新乡市长垣县位庄镇大车集村	114.679 5	35.080 7
73	后窑	31021654	新乡市辉县市百泉镇后窑	113.832 9	35.503 2
74	谷浴寺	31021022	新乡市辉县市薄壁镇龙云寺	113.490 9	35.472 4
75	西沟	31021021	新乡市辉县市薄壁镇西沟	113.417 3	35.498 1
76	周庄	31020653	新乡市辉县市薄壁镇周庄	113.456 6	35.437 1
77	冯窑	31021655	新乡市辉县市常村镇冯窑	113.883 4	35.477 6
78	南观营	31021653	新乡市辉县市胡桥乡南观营	113.771 8	35.410 5
79	龙水梯	31021202	新乡市辉县市黄水乡龙水梯	113.633 2	35.628 4
80	北岸泉	31022873	新乡市辉县市南寨镇北岸泉	113.713 2	35.816 1
81	坝前	31022874	新乡市辉县市南寨镇坝前	113.722 3	35.784 5
82	后庄水库	31021599	新乡市辉县市拍石头乡后庄水库	113.838 5	35.667 9
83	齐王寨	31022871	新乡市辉县市三郊口乡齐王寨	113.595 9	35.812 6
84	秋沟	31022872	新乡市辉县市三郊口乡秋沟	113.645 5	35.822 2
85	郭亮水库	31022913	新乡市辉县市沙窑乡郭亮水库	113.591 4	35.735 1
86	南窑	31022912	新乡市辉县市沙窑乡南窑	113.612 5	35.759 0

续附表1

序号	站名	站号	站址	经度	纬度
87	沙窑	31022911	新乡市辉县市沙窑乡沙窑	113.633 2	35.734 2
88	回龙	31021201	新乡市辉县市上八里镇回龙	113.608 7	35.595 8
89	莲花水库	31022932	新乡市辉县市西平罗乡莲花水库	113.776 1	35.726 0
90	山怀	31022931	新乡市辉县市西平罗乡山怀	113.715 2	35.733 1
91	猴头脑	31022259	新乡市卫辉市大池山乡猴头脑	113.926 3	35.597 5
92	靳庄	31022253	新乡市卫辉市大池山乡靳庄	113.959 1	35.621 1
93	李家沟	31022252	新乡市卫辉市大池山乡李家沟	113.904 0	35.621 5
94	西拴马	31022251	新乡市卫辉市东拴马乡西拴马	113.931 2	35.671 0
95	东良村	31022076	新乡市卫辉市李源屯镇东良村	114.181 8	35.380 1
96	西柳位	31022057	新乡市卫辉市庞寨乡西柳位	114.298 7	35.435 8
97	白寺	31022255	新乡市卫辉市狮豹头乡白寺	114.021 1	35.621 1
98	雪白庄	31022254	新乡市卫辉市狮豹头乡雪白庄	114.041 2	35.652 9
99	曲里	31022052	新乡市卫辉市孙杏村镇曲里	113.947 6	35.369 3
100	神头	31022256	新乡市卫辉市太公泉镇神头	113.960 3	35.547 4
101	张王屯	31022075	新乡市卫辉市太公泉镇张王屯	114.000 9	35.474 9
102	秦庄	31022056	新乡市卫辉市唐庄镇秦庄	113.987 1	35.426 0
103	穆家营	31021706	新乡市辉县市峪河镇穆家营	113.592 8	35.309 2
104	外河水库	31021501	新乡市辉县市张村乡外河水库流河村	113.868 0	35.587 3
105	苗固	31021452	新乡市辉县市赵固乡苗固	113.696 3	35.429 9
106	大谷驼	31022258	新乡市卫辉市安都乡大谷驼	114.064 8	35.519 2
107	正面水库	31005485	新乡市卫辉市正面水库	113.979 2	35.682 5
108	小沙	41426356	新乡市封丘县居厢乡小沙	114.387 5	35.147 3
109	亢村北街	31021902	新乡市获嘉县亢村镇亢村北街	113.687 2	35.124 3
110	岳庄	41427155	新乡市延津县石婆固乡岳庄	114.217 3	35.275 8
111	板张庄	41425753	新乡市原阳县官厂乡板张庄	113.884 9	34.945 6
112	党寨	41426102	新乡市原阳县路寨乡党寨	114.139 0	35.077 1
113	文庄	41427402	新乡市长垣县方里乡文庄	114.858 8	35.303 2
114	凤凰	31020800	山西省陵川县夺火乡凤凰村	113.316 7	35.583 3
115	张唐马	31021740	新乡市新乡县大召营乡张唐马村	113.750 0	35.250 0
116	忠义	31021850	新乡市获嘉县冯庄乡冯庄村	113.650 0	35.083 3

续附表 1

序号	站名	站号	站址	经度	纬度
117	小吉	31021900	新乡市新乡县小吉镇小吉村	113.750 0	35.200 0
118	鹅屋	31022750	山西省壶关县鹅屋乡黄崖底村	113.550 0	35.883 3
119	大宾	41425850	新乡市原阳县大宾乡大宾村	114.033 3	35.000 0
120	师寨	41425950	新乡市原阳县师寨乡师寨村	113.833 3	35.083 3
121	西别河	41426100	新乡市原阳县路寨乡西别河村	114.116 7	35.083 3
122	李辛庄	41426250	新乡市原阳县齐街乡李辛庄	114.250 0	35.066 7
123	黄陵	41426300	新乡市封丘县黄陵乡黄陵村	114.316 7	35.000 0
124	聂店	41426800	新乡市长垣县樊相乡聂店林场	114.633 3	35.250 0
125	胙城	41427150	新乡市延津县胙城乡胙城村	114.216 7	35.316 7
126	黄堤	31021704	新乡市获嘉县黄堤镇黄堤村	113.540 3	35.246 7
127	尚厂	31021705	新乡市辉县市吴村镇尚厂村	113.505 0	35.319 0
128	西彰仪	31021703	新乡市获嘉县照镜乡西彰仪村	113.665 0	35.294 0
129	史庄	31021702	新乡市获嘉县史庄镇史庄村	113.610 3	35.236 6
130	赵吴巷	31021701	新乡市获嘉县徐营镇赵吴巷村	113.571 0	35.187 0
131	获嘉	31021050	新乡市获嘉县气象局	113.400 0	35.160 0
132	南翟坡	31005401	新乡市新乡县翟坡镇南翟坡村	113.792 2	35.237 4
133	小河	31022004	新乡市新乡县郎公庙镇小河村	113.841 0	35.190 0
134	古固寨	31022003	新乡市新乡县古固寨镇古固寨中街	113.951 5	35.237 4
135	洪门	31022005	新乡市新乡县洪门镇洪门村	113.920 5	35.275 5
136	耿庄	31022051	新乡市凤泉区耿黄乡耿庄	113.899 2	35.384 4
137	大枣园	31021503	新乡市辉县市张村乡大枣园村	113.864 7	35.546 9
138	东张飞城	31021502	新乡市辉县市高庄乡东张飞城村	113.803 6	35.556 4
139	新乡庄	31021451	新乡市辉县市洪洲乡新乡庄村	113.699 4	35.537 8
140	百泉	31021651	新乡市辉县市百泉镇百泉	113.779 2	35.485 6
141	赵凝屯	31021656	新乡市辉县市常村镇赵凝屯村	113.858 6	35.441 4
142	上马庄	31020654	新乡市辉县市薄壁镇上马庄	113.505 8	35.426 1
143	赵和庄	31020655	新乡市辉县市王敬屯乡赵和庄	113.486 1	35.403 3
144	胡桥	31021652	新乡市辉县市胡桥乡胡桥村	113.777 6	35.440 4
145	峪河	31021707	新乡市辉县市峪河镇峪河一街	113.588 9	35.361 9
146	褚丘	31021151	新乡市辉县市褚丘乡褚丘村	113.607 4	35.479 3

续附表 1

序号	站名	站号	站址	经度	纬度
147	虎掌沟	31022054	新乡市卫辉市太公泉镇虎掌沟村	113.954 7	35.495 8
148	孙杏村	31022053	新乡市卫辉市孙杏村镇孙杏村	113.984 7	35.350 1
149	黄山	31022257	新乡市卫辉市太公泉镇黄山村	114.017 2	35.548 1
150	李源屯	31022065	新乡市卫辉市李源屯镇李源屯村	114.218 0	35.420 7
151	倪湾	31022064	新乡市卫辉市倪湾乡倪湾村	114.129 8	35.461 3
152	太平镇	41426101	新乡市原阳县太平镇太平镇村	114.095 3	35.037 6
153	梁寨	41425852	新乡市原阳县梁寨乡梁寨	114.165 3	35.019 8
154	陡门	41425751	新乡市原阳县陡门乡陡门	114.144 0	34.963 0
155	王杏兰	41425955	新乡市原阳县王杏兰乡王杏兰	113.987 7	35.130 1
156	福宁集	41425954	新乡市原阳县福宁集乡福宁集	113.925 9	35.154 5
157	阳阿	41426054	新乡市原阳县阳阿乡阳阿村	114.039 5	35.096 1
158	靳堂	41426053	新乡市原阳县靳堂乡靳堂	113.989 8	35.046 6
159	葛埠口	41426052	新乡市原阳县葛埠口乡葛埠口	113.914 7	35.040 9
160	祝楼	41425952	新乡市原阳县祝楼乡祝楼	113.673 3	35.040 9
161	韩董庄	41425755	新乡市原阳县韩董庄乡韩董庄	113.738 2	34.968 6
162	蒋庄	41425754	新乡市原阳县蒋庄乡蒋庄	113.820 4	34.940 2
163	包厂	41425752	新乡市原阳县包厂乡包厂	113.949 2	34.972 7
164	赵清庄	41425953	新乡市原阳县师寨镇赵清庄村	113.733 0	35.077 0
165	圈娄	41425951	新乡市原阳县原武镇圈娄村	113.781 0	35.040 0
166	杨大寨	41425851	新乡市原阳县原武镇杨大寨村	113.859 0	34.999 0
167	丰庄	41426106	新乡市延津县丰庄镇丰庄	114.350 9	35.457 2
168	冯班枣	41426105	新乡市延津县班枣乡冯班枣	114.295 1	35.393 1
169	常辛集	41426104	新乡市延津县马庄乡常辛集	114.354 0	35.374 4
170	王楼	41426107	新乡市延津县王楼乡王楼	114.348 9	35.263 2
171	司寨	41426108	新乡市延津县司寨乡司寨	114.366 1	35.212 1
172	塔铺	41427152	新乡市延津县塔铺乡塔铺	114.140 9	35.236 5
173	小潭	41426055	新乡市延津县小潭乡小潭	114.156 1	35.165 0
174	僧固	41426103	新乡市延津县僧固乡李僧固村	114.217 0	35.133 4
175	小店	31022002	新乡市延津县小店镇小店	113.983 7	35.289 2
176	朱寨	41427153	新乡市延津县朱寨乡朱寨村	114.217 3	35.274 9

续附表 1

序号	站名	站号	站址	经度	纬度
177	赵岗	41426360	新乡市封丘县赵岗镇赵岗	114.569 0	35.130 1
178	黄德	41426358	新乡市封丘县黄德镇黄德	114.416 9	35.191 8
179	居厢	41426357	新乡市封丘县居厢乡居厢	114.418 9	35.139 1
180	陈固	41426355	新乡市封丘县陈固乡陈固	114.317 4	35.138 3
181	应举	41426354	新乡市封丘县应举镇应举	114.288 0	35.099 3
182	岳寨	41426359	新乡市封丘县王村乡岳寨	114.462 0	35.083 0
183	獐鹿市	41426352	新乡市封丘县獐鹿市乡獐鹿市村	114.287 0	35.044 1
184	李庄	41426307	新乡市封丘县李庄乡李庄村	114.672 5	34.946 7
185	尹岗	41426308	新乡市封丘县尹岗乡尹岗村	114.706 0	34.985 7
186	张贾	41426353	新乡市封丘县应举镇张贾村	114.370 0	35.092 0
187	油坊	41426306	新乡市封丘县油坊乡油坊村	114.610 6	35.037 6
188	曹岗	41426305	新乡市封丘县曹岗乡曹岗村	114.561 9	34.956 5
189	陈桥	41426302	新乡市封丘县陈桥镇陈桥村	114.479 8	34.939 4
190	鲁岗	41426304	新乡市封丘县鲁岗乡鲁岗村	114.494 0	35.006 0
191	孙庄	41426303	新乡市封丘县孙庄乡孙庄村	114.263 7	34.954 8
192	佘家	41427401	新乡市长垣县佘家乡佘家村	114.856 0	35.330 5
193	武邱	41427404	新乡市长垣县武邱乡武邱村	114.913 3	35.288 2
194	方里集	41427403	新乡市长垣县方里乡方里集村	114.834 0	35.279 4
195	苗寨	41427405	新乡市长垣县苗寨乡苗寨村	114.867 0	35.256 5
196	李官桥	41426852	新乡市长垣县张三寨乡李官桥村	114.759 0	35.289 9
197	吕村寺	41427406	新乡市长垣县满村乡吕村寺	114.772 0	35.233 0
198	张三寨	41426803	新乡市长垣县张三寨乡张三寨村	114.690 7	35.300 5
199	樊相	41426802	新乡市长垣县樊相镇樊相村	114.633 5	35.284 7
200	城关	41426851	新乡市长垣县城关镇城关村	114.684 7	35.203 2
201	常村	41426801	新乡市长垣县常村镇常村	114.552 8	35.182 1
202	孟岗	41427407	新乡市长垣县孟岗乡孟岗村	114.779 0	35.175 6
203	魏庄	41427408	新乡市长垣县魏庄镇魏庄村	114.699 9	35.129 3
204	总管	41427409	新乡市长垣县总管乡总管村	114.763 8	35.116 3
205	恼里	41427410	新乡市长垣县恼里镇恼里村	114.745 6	35.059 5
206	原武	41425750	原阳县原武镇	113.766 7	35.000 0

续附表 1

序号	站名	站号	站址	经度	纬度
207	留光	41426309	封丘县留光乡	114.587 0	35.072 5
208	司庄	41426310	封丘县司庄乡	114.438 0	34.955 7
209	张河	41427156	延津县塔铺乡张河村	114.077 5	35.248 4
210	魏丘	41427157	延津县魏丘乡	114.293 0	35.248 6
211	沙口	41427158	延津县塔铺乡沙口村	114.151 6	35.277 8
212	郭庄	41426311	原阳县郭庄乡	114.114 0	34.985 7
213	康庄	31021903	新乡县七里营镇康庄村	113.766 7	35.133 3
214	大后村	41426805	长垣县常村镇大后村	114.511 5	35.220 7
215	于庄	41426804	长垣县常村镇于庄村	114.549 2	35.255 3
216	后庄	31003604	卫辉市后河镇	114.144 0	35.406 9
217	顿坊店	31022260	卫辉市顿坊店乡	114.111 0	35.499 0
218	小渠	41427411	长垣县武邱乡小渠村	114.980 0	35.308 2
219	宋庄	41427412	长垣县佘家乡宋庄村	114.921 3	35.379 0
220	四里厂	31021600	新乡市辉县市拍石头乡四里厂村	113.800 0	35.616 7

附表2　2013年城镇地下水监测井一览表

县（市）名	井号	位置	坐标		设立日期		测井分类	井深（m）		高程（m）		固定点距地面（m）
			东经	北纬	年	月		原	现	固定点	地面	
凤泉区	1	耿黄镇南张门村南300 m	113°51′	35°23′	1972	1	省井			76.779	76.08	0.70
凤泉区	4	潞王坟乡老道井村东南250 m	113°56′	35°25′	1985	2	市井			101.110	100.56	0.55
凤泉区	5	潞王坟乡五陵村西南200 m	113°56′	35°24′	1978	6	省井			74.154	73.61	0.54
凤泉区	6	耿黄乡尚界村正南100 m	113°55′	35°23′	1978	6	市井	32.0		71.340	71.94	-0.60
凤泉区	10	潞王坟乡李士屯村正东800 m	113°57′	35°24′	1985	2	市井	30.0		68.890	69.36	-0.47
凤泉区	11	潞王坟乡李士屯村东北1 500 m	113°57′	35°24′	1985	2	市井			70.120	70.35	-0.23
凤泉区	15	耿黄镇东张门村南200 m	113°52′	35°24′	1985	2	市井			75.690	75.19	0.50
凤泉区	21	耿黄镇南鲁堡村西南1 000 m	113°53′	35°22′	1982	1	市井	35.0		72.150	72.05	0.10
凤泉区	22	耿黄镇西鲁堡村西北50 m	113°52′	35°22′	1982	1	市井	35.0		75.060	74.46	0.60
凤泉区	23	耿黄镇南鲁堡村东950 m	113°53′	35°22′	1985	6	市井			70.870	70.87	0.00
凤泉区	29	潞王坟乡愚公泉西北95 m	113°53′	35°26′	1983	6	市井			113.180	113.18	0.00
凤泉区	32	大块镇大块村东南300 m	113°48′	35°22′	1972	1	省井	26.0		74.846	74.67	0.18
凤泉区	33	耿黄镇耿庄村南100 m	113°56′	35°23′	1990	1	市井			71.800	71.80	0.00
凤泉区	38	大块镇石庄村西南150 m	113°45′	35°23′			市井			74.990	74.79	0.20
凤泉区	39	大块镇陈堡村西80 m	113°50′	35°23′	1983	1	市井			73.850	73.60	0.25
红旗区	33	洪门镇洪门村南地	113°56′	35°16′	1976	1	省井			71.100	71.62	-0.52
红旗区	50	洪门镇关堤村东北700 m	113°58′	35°16′	1983	1	市井					0.00
红旗区	51	关堤乡东杨村南地100 m	113°54′	35°15′	2006	1	市井					0.00
红旗区	52	洪门镇小李庄村村口50 m	113°58′	35°16′	2006	1	市井					0.00
红旗区	53	洪门镇马小营村东站	113°54′	35°18′	2006	1	市井					0.00
红旗区	54	洪门镇农机厂东50 m	113°56′	35°16′	2006	1	市井					0.00
红旗区	55	洪门镇申店村东200 m	113°59′	35°15′	2006	1	市井					0.00
红旗区	56	关堤乡郭小庄村河堤向里30 m	113°56′	35°14′	2006	1	市井					0.00
红旗区	57	关堤乡小介山村北150 m	113°59′	35°15′	2006	1	市井					0.00
卫滨区	11	卫滨区平原乡南高村东南500 m	113°51′	35°18′	2012	1	市井			73.500	73.50	0.00
卫滨区	16	卫滨区平原乡东水东村南300 m	113°48′	35°19′	2012	1	市井			73.370	73.13	0.24
卫滨区	18	卫滨区平原乡赵村			2012	1	市井					
卫滨区	25	卫滨区平原乡朱召村	113°52′	35°18′	2012	1	市井					
卫滨区	31	平原乡金家营村南500 m	113°51′	35°17′	1990	1	省井	30.0		73.569	73.53	0.04
卫滨区	36	卫滨区平原乡洛丝潭村东南	113°50′	35°16′	2012	1	市井					
卫滨区	37	卫滨区平原乡元庄村	113°47′	35°18′	2012	1	市井					
卫滨区	40	卫滨区平原乡李村村内	113°52′	35°15′	2012	1	市井			73.040	72.81	0.23
牧野区	3	牧野乡西黑堆村东南400 m	113°55′	35°22′	1973	3	省井	27.0		70.676	70.64	0.04

续附表2

县(市)名	井号	位置	坐标		设立日期		测井分类	井深(m)		高程(m)		固定点距地面(m)
			东经	北纬	年	月		原	现	固定点	地面	
牧野区	5	牧野乡西曲里村西南 150 m	113°56′	35°22′	1985	1	市井	31.0		70.670	70.50	0.17
牧野区	6	牧野乡大朱庄村西南 100 m	113°54′	35°21′	1985	1	市井			71.300	71.05	0.25
牧野区	7	王村镇周村西南 1 000 m	113°50′	35°22′	1985	1	市井			72.050	72.05	0.00
牧野区	8	电源产业园临清店村西北 50 m	113°57′	35°21′	1978	6	市井			70.620	70.52	0.10
牧野区	10	牧野乡丰乐里村东北 400 m	113°55′	35°20′	1978	6	省井	30.0		71.160	71.11	0.05
牧野区	14	王村镇寺庄顶村东 10 m	113°52′	35°20′	1982	1	市井	30.0		72.480	72.08	0.40
牧野区	15	牧野乡小朱庄村西北 300 m	113°53′	35°21′	1982	1	市井	30.0		71.600	70.80	0.80
牧野区	23	王村镇黄岗村北 500 m	113°51′	35°20′	1983	1	市井			72.090	71.84	0.25
牧野区	25	和平路办事处定国村西 200 m	113°57′	35°19′	1980	5	市井			70.880	71.42	-0.54
牧野区	27	王村镇栗屯村南 300 m	113°50′	35°20′	1983	1	市井	30.0		73.340	72.59	0.75
牧野区	30	王村镇东马坊村东北 500 m	113°51′	35°21′	1984	1	省井	31.0		72.820	72.52	0.30
新乡县	1	大召营镇杨庄村北	113°46′	35°19′	1972	1	省井			74.520	74.50	0.02
新乡县	3	七里营镇七里营村东北 300 m	113°47′	35°13′	1972	1	省井	36.0		80.018	79.74	0.28
新乡县	4	朗公庙镇朗公庙村新原路西侧	113°54′	35°13′	1972	2	省井			77.960	77.73	0.23
新乡县	7	合河乡小郭村南 400 m	113°45′	35°20′	1972	1	省井			75.380	75.23	0.15
新乡县	8	七里营镇沟王村北机械厂院内	113°50′	35°08′	1978	6	省井			79.573	79.82	-0.25
新乡县	9	大召营镇李唐马村东 800 m	113°46′	35°15′	1976	1	市井	30.0		75.610	75.71	-0.10
新乡县	10	翟坡镇南翟坡村西 500 m	113°48′	35°15′			市井			76.220	76.24	-0.02
新乡县	13	小冀镇杏庄村北 800 m	113°44′	35°11′	1976	1	市井	29.0		79.500	79.15	0.35
新乡县	19	朗公庙镇后小庄村东 100 m	113°51′	35°10′	1978	6	市井	30.0		77.380	77.23	0.15
新乡县	21	古固寨镇南辛庄村西北 250 m	114°01′	35°14′	1978	6	市井	30.0		75.210	75.72	-0.51
新乡县	24	七里营镇罗滩村西南 300 m	113°45′	35°08′	1979	1	市井	35.0		80.800	80.80	0.00
新乡县	26	翟坡镇北翟坡村东北 500 m	113°47′	35°15′	1983	1	市井			75.510	74.99	0.52
卫辉市	1	孙杏村镇张武店村东北 150 m	114°00′	35°22′	1972	1	省井	24.5		69.791	69.22	0.57
卫辉市	3	李源屯镇李源屯村南 200 m	114°13′	35°25′	1972	2	省井	20.0		67.170	67.06	0.11
卫辉市	4	上乐村镇上乐村东 100 m	114°13′	35°28′	1972	1	省井	35.7		65.857	65.74	0.12
卫辉市	5	顿坊店乡顿坊店村西 200 m	114°07′	35°30′	1972	1	省井			70.882	70.88	0.00
卫辉市	6	城郊乡薛屯村西南 300 m	114°03′	35°27′	1972	1	省井	28.2		73.880	73.69	0.19
卫辉市	7	唐庄镇田庄村北 100 m	114°01′	35°25′	1972	1	省井			75.329	75.10	0.23
卫辉市	9	柳庄乡柳庄村东北 500 m	114°06′	35°22′	1974	7	省井	30.5		70.433	70.25	0.18
卫辉市	10	安都乡大双村西	114°06′	35°31′	1976	1	市井	48.6		88.600	88.27	0.33
卫辉市	12	后河镇孔庄村南 250 m	114°09′	35°24′	1976	1	省井	22.7	21.2	69.364	69.53	-0.17
卫辉市	15	太公泉镇西寺门村东北 200 m	114°01′	35°28′	1976	1	省井	26.8		98.376	97.44	0.94

续附表2

县（市）名	井号	位置	坐标		设立日期		测井分类	井深(m)		高程(m)		固定点距地面(m)
			东经	北纬	年	月		原	现	固定点	地面	
卫辉市	16	庞寨乡五四农场南 40 m	114°15′	35°26′	1977	1	市井	18.5		63.940	63.32	0.62
卫辉市	17	孙杏村镇娘娘庙村	114°00′	35°23′	1977	1	市井	7.4		70.040	69.78	0.26
卫辉市	19	李源屯镇南潞庄村西 20 m	114°12′	35°23′	1978	7	市井	22.4		69.620	69.70	-0.08
卫辉市	20	顿坊店乡前稻香村南 50 m	114°13′	35°31′	1978	7	市井	12.0		66.370	66.21	0.16
卫辉市	22	唐庄镇崔庄村西 800 m	113°59′	35°26′	1983	1	市井	25.4		76.540	76.21	0.33
卫辉市	23	庞寨镇庞寨村西 200 m	114°16′	35°25′	1983	1	省井	22.1		66.990	66.99	0.00
卫辉市	25	庞寨镇西柳位村西南 200 m	114°18′	35°26′	1984	9	市井	28.9		68.480	68.87	-0.39
卫辉市	26	上乐村镇曲律村南 200 m	114°18′	35°26′	1984	1	市井	22.9		65.880	65.43	0.45
卫辉市	27	孙杏村镇曲里村					市井					
卫辉市	28	孙杏村镇韩光屯村					市井					
卫辉市	29	孙杏村镇汲城村					市井					
卫辉市	30	城郊乡倪湾村	114°08′	35°28′	2006	1	市井					
卫辉市	31	后河乡大辛庄村正北 300 m	114°07′	35°24′	2006	1	市井					
卫辉市	33	柳庄镇栗寨村西 300 m	114°04′	35°21′	2006	1	市井					
长垣县	1	位庄镇大车集水文站院内	114°41′	35°05′	1972	1	省井			65.830	65.33	0.50
长垣县	4	方里乡敬老院内	114°50′	35°17′	1972	1	省井			61.004	60.77	0.23
长垣县	9	常村镇前大郭村北 250 m	114°34′	35°14′	1974	5	省井			63.200	62.83	0.37
长垣县	10	位庄镇茅芦店村西 80 m	114°47′	35°06′	1976	1	省井					
长垣县	11	位庄镇董寨村东 150 m	114°41′	35°07′			市井			64.570	64.07	0.50
长垣县	12	武邱乡纸坊村东 500 m	114°56′	35°18′	1976	1	省井	72.0		61.643	62.14	-0.50
长垣县	14	南浦镇庞相如村西南 500 m	114°37′	35°10′	1976	1	省井	71.0	64.7	63.599	63.66	-0.06
长垣县	15	浦东镇顿庄村东 55 m	114°43′	35°11′	1976	5	省井		28.0	61.208	60.85	0.36
长垣县	17	丁栾镇马盘池村西 250 m	114°47′	35°17′	1976	1	省井			60.737	60.70	0.04
长垣县	18	佘家乡教城铺村南 155 m	114°49′	35°20′	1976	1	省井		21.4	60.390	60.28	0.11
长垣县	19	孟岗乡李户寨村南 400 m	114°46′	35°10′	1976	1	省井			63.341	63.28	0.06
长垣县	20	浦北镇冯滑枣村北 500 m	114°38′	35°14′	1977	1	省井		34.6	61.481	61.59	-0.11
长垣县	22	满村乡乡政府隔壁 50 m	114°44′	35°15′	1980	5	省井		54.0			
长垣县	33	赵堤镇前冯家村西南 340 m	114°55′	35°21′	1990	1	市井			57.791	57.69	0.10
长垣县	35	凡相镇凡相村北 100 m	114°39′	35°18′	1990	1	市井			62.963	62.69	0.27
长垣县	36	芦岗乡王辛庄村南 100 m	114°82′	35°14′	2009	5	市井			65.869	65.55	0.32
辉县市	1	孟庄镇梁村西北 150 m	113°48′	35°26′	1972	1	省井			82.366	82.37	0.00
辉县市	5	薄壁镇薄壁村南 400 m	113°32′	35°27′	1972	1	省井	28.0		98.995	98.62	0.38
辉县市	7	吴村镇吴村东北 200 m	113°29′	35°22′	1972	1	省井	19.5		100.401	99.67	0.73

续附表2

县（市）名	井号	位置	坐标		设立日期		测井分类	井深（m）		高程（m）		固定点距地面（m）
			东经	北纬	年	月		原	现	固定点	地面	
辉县市	8	冀屯镇赞城村西南150 m	113°40′	35°22′	1972	1	省井	25.0		77.583	77.28	0.30
辉县市	11	上八里镇杨树庄村内	113°34′	35°30′	1973	1	省井	37.0		124.297	123.76	0.54
辉县市	13	上八里镇下八里村西南200 m	113°36′	35°31′	1979	4	省井	54.8		134.232	134.23	0.00
辉县市	15	冀屯镇亮马台村西南50 m	113°36′	35°28′			市井			87.460	87.46	0.00
辉县市	17	吴村镇杨启营村北400 m	113°32′	35°19′	1980	1	市井			81.480	81.08	0.40
辉县市	19	赵固乡赵固村东50 m	113°40′	35°26′	1981	1	省井			80.736	80.46	0.28
辉县市	20	高庄乡张雷村南6 m	113°45′	35°34′	1990	1	省井	30.0		98.737	98.30	0.44
辉县市	21	洪州乡段庄村西南200 m	113°41′	35°38′	1990	1	市井			104.790	104.39	0.40
辉县市	22	冀屯镇赵流河村西北200 m	113°35′	35°25′	1979	1	省井					
辉县市	23	峪河镇峪河村西南500 m	113°36′	35°22′	2010	3	省井					
辉县市	24	赵固乡小沙窝村东南200 m	113°42′	35°30′	1983	1	市井			92.960	92.96	0.00
辉县市	25	孟庄镇西夏峰村西100 m	113°49′	35°25′	1983	1	市井	65.0		81.830	81.83	0.00
辉县市	32	冀屯镇褚丘村西南100 m	113°35′	35°29′	1986	6	市井			96.050	95.75	0.30
辉县市	36	冀屯镇冀屯村苹果园北100 m	113°36′	35°24′	1986	6	市井			83.760	83.46	0.30
获嘉县	8	冯庄镇忠义试验场内	113°38′	35°05′	1972	1	省井	110.0	60.0	84.386	84.10	0.29
获嘉县	9	太山乡丁村东南70 m	113°44′	35°14′	1972	1	省井	31.5		76.150	76.04	0.11
获嘉县	10	太山乡太山村东南1 500 m	113°43′	35°11′	1973	1	省井	33.6		79.036	78.82	0.22
获嘉县	11	中和镇中和村东南700 m	113°36′	35°12′	1973	1	省井	31.9		81.910	81.11	0.80
获嘉县	12	大辛庄乡大辛庄村西南400 m	113°38′	35°10′	1973	11	省井	38.0	31.0	80.523	80.75	-0.23
获嘉县	13	黄堤镇黄堤村东南100 m	113°33′	35°15′	1973	2	省井			79.844	79.88	-0.04
获嘉县	14	亢村镇亢村东北1 500 m	113°42′	35°08′	1973	1	省井			82.085	82.00	0.09
获嘉县	15	位庄乡陈位庄村西北200 m	113°39′	35°17′	1973	7	省井	33.8		80.239	80.01	0.23
获嘉县	16	大辛庄乡郭庄村西南700 m	113°39′	35°13′	1978	1	省井	37.7		79.560	79.22	0.34
获嘉县	17	照镜镇巨柏村西700 m	113°41′	35°17′	02	1	市井	41.0		78.380	78.03	0.35
获嘉县	18	照镜镇安村南500 m	113°42′	35°20′	1978	1	省井	35.4	32.4	77.246	76.97	0.28
获嘉县	19	城关镇前寺庄村西400 m	113°43′	35°17′	1978	1	省井	28.6		77.690	77.29	0.40
获嘉县	20	黄堤镇中马厂村南500 m	113°32′	35°17′	1978	7	市井	43.0		78.800	78.80	0.00
获嘉县	21	徐营镇宣阳驿村东300 m	113°33′	35°09′			市井	31.5		84.470	84.16	0.31
获嘉县	22	徐营镇徐营村东南700 m	113°34′	35°09′	1972	1	省井	31.5		84.162	83.66	0.50
获嘉县	24	冯庄镇张堤村东南500 m	113°36′	35°07′	1972	1	省井	31.5		82.120	82.27	-0.15
获嘉县	25	大新庄乡后小召村西南500 m	113°39′	35°08′	1984	1	市井	41.0		82.220	82.06	0.16
获嘉县	27	太山乡陈孝村西北1 500 m	113°41′	35°15′	1984	1	市井	39.0	38.2	77.330	76.97	0.36
获嘉县	28	太山乡沙窝营村南100 m	113°42′	35°10′	1984	1	市井	40.0	25.8	79.480	79.40	0.08

续附表 2

县（市）名	井号	位置	坐标		设立日期		测井分类	井深(m)		高程(m)		固定点距地面(m)
			东经	北纬	年	月		原	现	固定点	地面	
获嘉县	29	照镜镇西彰仪村东南 150 m	113°40′	35°18′	1984	1	市井	42.0		78.940	78.79	0.15
获嘉县	33	史庄镇中张巨村西北 700 m	113°34′	35°12′	1984	1	市井	40.0		81.740	81.73	0.01
获嘉县	35	亢村镇红荆嘴村东 100 m	113°41′	35°05′	1984	1	市井	40.0		84.930	84.80	0.13
获嘉县	38	史庄镇吴村东 500 m	113°35′	35°14′			市井	43.0		80.980	80.38	0.60
获嘉县	39	城关镇后小屯村北 1 000 m	113°38′	35°15′	1984	1	市井	40.0	39.6	78.630	78.68	-0.05
获嘉县	40	黄堤镇花庄村东南 100 m	113°35′	35°17′	1984	1	市井	41.0	40.2	78.700	78.50	0.20
获嘉县	41	位庄乡前渔池村南 1 000 m	113°36′	35°18′	1984	1	市井	40.0		78.870	78.56	0.31
获嘉县	43	位庄乡陈位庄村东北 200 m	113°39′	35°17′	1992	1	省井	41.0	29.2	79.469	79.32	0.15
获嘉县	44	城关镇岳庄村南 800 m	113°39′	35°15′	2002	1	市井	42.0	39.1	78.289	77.93	0.36
获嘉县	45	徐营镇赵吴巷村南 100 m					市井					
原阳县	1	官厂乡官厂村南 430 m	113°53′	34°56′	1972	1	省井			88.850	88.24	0.61
原阳县	2	齐街乡齐街村东北 600 m	114°13′	35°03′	1972	1	省井			72.534	72.36	0.17
原阳县	7	师寨镇新集村西南 400 m	113°49′	35°05′	1972	1	省井			80.960	81.24	-0.28
原阳县	11	陡门乡桃园村北 60 m	114°11′	34°59′	1972	1	市井	32.0		83.440	82.58	0.86
原阳县	12	陡门乡徐庄村内	114°11′	34°57′	1972	1	省井			83.710	83.11	0.60
原阳县	15	大宾乡大宾村内	114°02′	35°01′	1974	1	省井			79.235	78.82	0.42
原阳县	19	城关镇八里庄村西 350 m	113°57′	35°06′	1977	1	省井			76.215	76.00	0.22
原阳县	20	葛埠口乡袁庄村西 100 m	113°55′	35°02′	1978	1	市井	28.0		79.330	78.33	1.00
原阳县	21	祝楼乡祝楼村北 500 m	113°40′	35°03′	1978	1	省井			85.832	85.11	0.72
原阳县	22	韩董庄乡裴屋村西北 350 m	113°45′	34°58′	1978	1	省井			90.648	90.71	-0.06
原阳县	23	太平镇太平镇村东北 250 m	114°06′	35°02′	1978	1	市井	30.0		74.880	74.50	0.38
原阳县	24	葛埠口乡黑羊山村东北 500 m	113°58′	35°06′	1984	1	市井	42.0		79.310	79.16	0.15
原阳县	25	福宁集镇王杏兰村南 200 m	114°00′	35°08′	1984	1	市井	32.0		75.870	75.51	0.36
原阳县	28	原武镇小徐庄村东南 400 m	113°51′	35°02′	1984	1	市井	38.0		80.700	80.36	0.34
原阳县	29	葛埠口乡后卢寨村北 500 m	113°54′	35°06′	1987	1	省井			77.670	77.27	0.40
原阳县	30	桥北乡洪庄村	113°38′	35°59′			市井	32.0		77.670	77.27	0.40
延津县	3	位丘乡中位丘村西 800 m	114°17′	35°15′	1972	1	省井			69.063	69.03	0.03
延津县	4	马庄乡马庄村南 200 m	114°21′	35°22′	1972	1	省井			66.775	67.11	-0.33
延津县	5	胙城乡中城后村北 50 m	114°13′	35°19′	1972	1	省井			69.284	68.76	0.52
延津县	7	于林乡大于林村西 400 m	114°04′	35°12′	1972	1	省井	30.5		73.107	73.06	0.05
延津县	12	僧固乡李庄村北 200 m	114°14′	35°09′	1983	1	省井			70.004	69.98	0.02
延津县	14	丰庄镇丰庄村内	114°21′	35°28′	1980	1	省井			66.447	67.44	-0.99
延津县	15	石婆固乡塔铺村东 400 m	114°09′	35°14′	1980	2	省井			71.380	71.38	0.00

续附表2

县（市）名	井号	位置	坐标		设立日期		测井分类	井深(m)		高程(m)		固定点距地面(m)
			东经	北纬	年	月		原	现	固定点	地面	
延津县	16	小店镇小店村南1 000 m	113°59′	35°17′	1980	1	省井			74.569	74.42	0.15
延津县	17	王楼乡千寨村东500 m	114°21′	35°17′	1980	1	省井			67.554	67.34	0.21
延津县	18	小潭乡小潭村南100 m	114°10′	35°09′	1980	1	市井			71.220	71.42	-0.20
延津县	19	东屯镇刘庄村北300 m	114°07′	35°20′	1983	1	省井			71.157	70.85	0.31
延津县	21	司寨乡王杏庄村东20 m	114°21′	35°14′	1983	1	市井			68.350	68.23	0.12
延津县	22	石婆固乡胡村西北300 m	114°12′	35°15′	1983	1	市井			70.150	69.78	0.37
延津县	23	胙城乡十八里庄村东南500 m	114°08′	35°17′	1983	1	市井			70.320	70.00	0.32
延津县	24	马庄乡野厂村西200 m	114°16′	35°22′	1983	1	市井			68.890	68.89	0.00
延津县	25	位丘乡班胜固村西100 m	114°20′	35°18′	1983	1	市井			66.740	66.46	0.28
延津县	26	高寨乡高寨村西南500 m	114°16′	35°13′	1983	1	市井			69.690	69.56	0.13
延津县	27	位丘乡马村南400 m	114°16′	35°17′	1983	1	市井			66.830	66.71	0.12
延津县	29	位丘乡白庙村西北150 m	114°24′	35°19′	1990	1	市井			65.930	65.81	0.12
延津县	30	司寨乡后司寨村东800 m	114°23′	35°13′	1990	1	市井			68.210	68.12	0.09
延津县	31	司寨乡袁纸坊村南30 m	114°22′	35°12′	1990	1	市井			68.210	68.12	0.09
延津县	32	司寨乡郭柳洼村南	114°20′	35°13′	1990	1	市井			66.447	67.44	-0.99
封丘县	1	黄德镇文岩村西南80 m	114°25′	35°10′	1972	5	省井	30.0	24.0	67.054	67.26	-0.21
封丘县	3	应举镇应举村西400 m	114°17′	35°06′	1972	1	省井	36.0	25.9	69.491	69.47	0.02
封丘县	5	赵岗镇孙村西北400 m	114°34′	35°07′	1972	1	省井	31.0	23.8	66.156	66.23	-0.07
封丘县	8	城关镇西关西北500 m	114°24′	35°03′	1972	1	省井	75.0	47.0	70.102	69.80	0.30
封丘县	10	应举镇东獐鹿市村南150 m	114°18′	35°02′	1972	1	省井	30.0	24.0	71.472	70.90	0.57
封丘县	12	陈桥镇关帝庙村西南700 m	114°25′	34°57′	1973	7	省井	67.0	50.0	72.308	72.42	-0.11
封丘县	13	居厢乡纪店村东400 m	114°24′	35°07′	1976	5	市井	33.2		67.630	67.63	0.00
封丘县	14	冯村乡吴村西360 m	114°32′	35°05′	1976	5	市井	30.0		66.530	66.63	-0.10
封丘县	15	陈固镇北邢庄村西南80 m	114°19′	35°09′	1976	6	省井	29.0	20.0	68.687	68.66	0.03
封丘县	16	潘店镇潘店村东南200 m	114°32′	35°01′	1976	6	省井	30.0	26.0	67.662	67.16	0.50
封丘县	18	黄陵镇大杜寨村西200 m	114°37′	34°59′	1977	1	省井		53.0	67.635	67.64	0.00
封丘县	22	陈固乡东仲宫村西南50 m	114°21′	35°08′	1978	6	市井	40.0		68.670	68.57	0.10
封丘县	24	留光镇留光村南300 m	114°35′	35°04′	1978	6	市井	55.0		67.670	67.17	0.50
封丘县	27	荆隆宫乡荆隆宫村西南360 m	114°19′	34°58′	1978	6	省井	35.0	29.0	81.138	81.03	0.11
封丘县	28	娄堤乡大娄堤村北200 m	114°21′	35°00′	1978	6	市井	40.0		70.490	70.37	0.12
封丘县	29	王村乡岳砦村东北300 m	114°28′	35°05′	1979	7	市井	52.0		67.350	67.55	-0.20
封丘县	30	李庄乡海庄村东北150 m	114°40′	34°55′	1983	1	市井	100.0		75.430	75.38	0.05
封丘县	34	黄德镇大庙杨村西南500 m	114°25′	35°12′	1984	1	市井	35.0		66.050	65.99	0.06
封丘县	35	赵岗镇戚城村西北500 m	114°31′	35°09′	1985	1	省井	55.0		65.890	66.13	-0.24

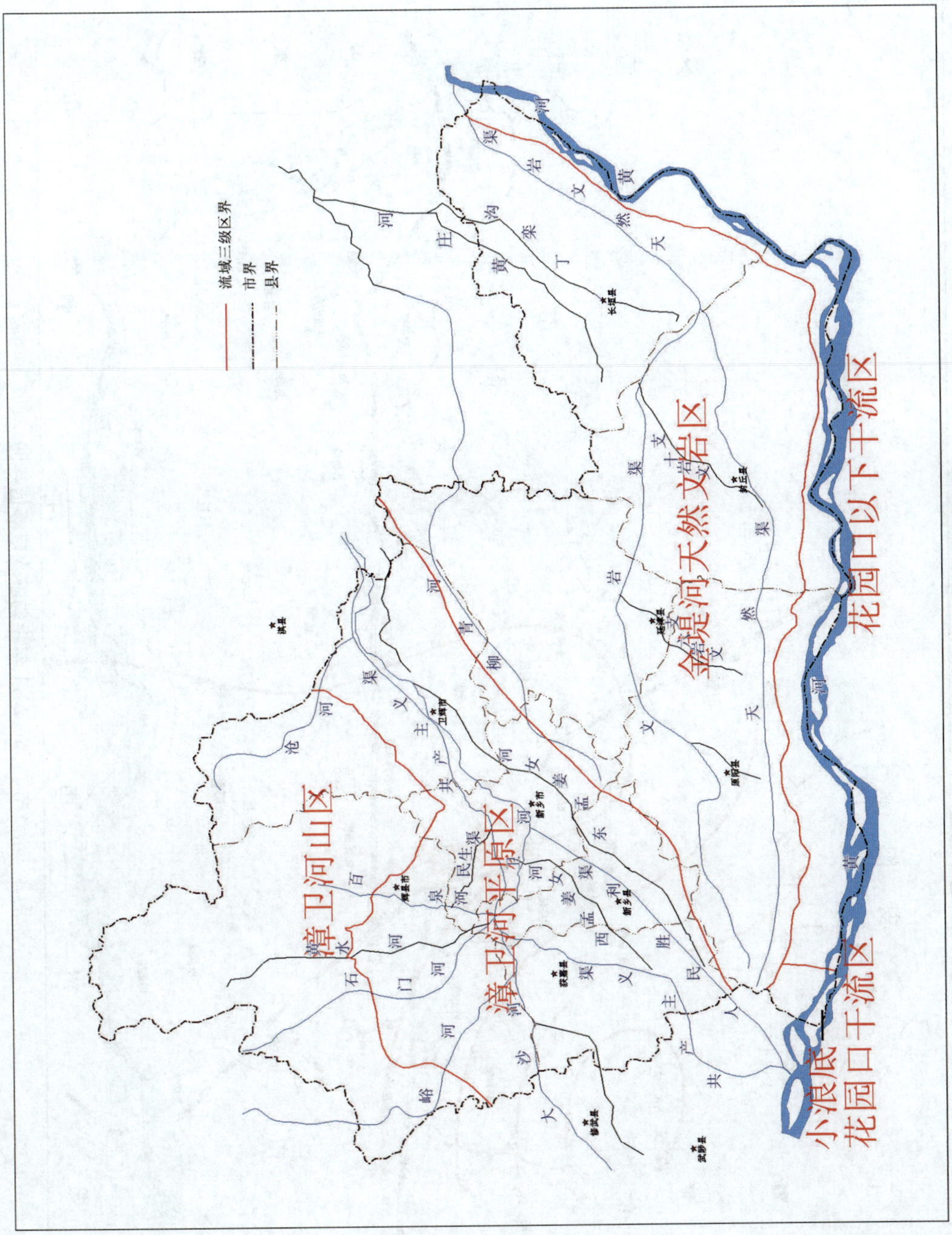

附图1 新乡市水资源分区图

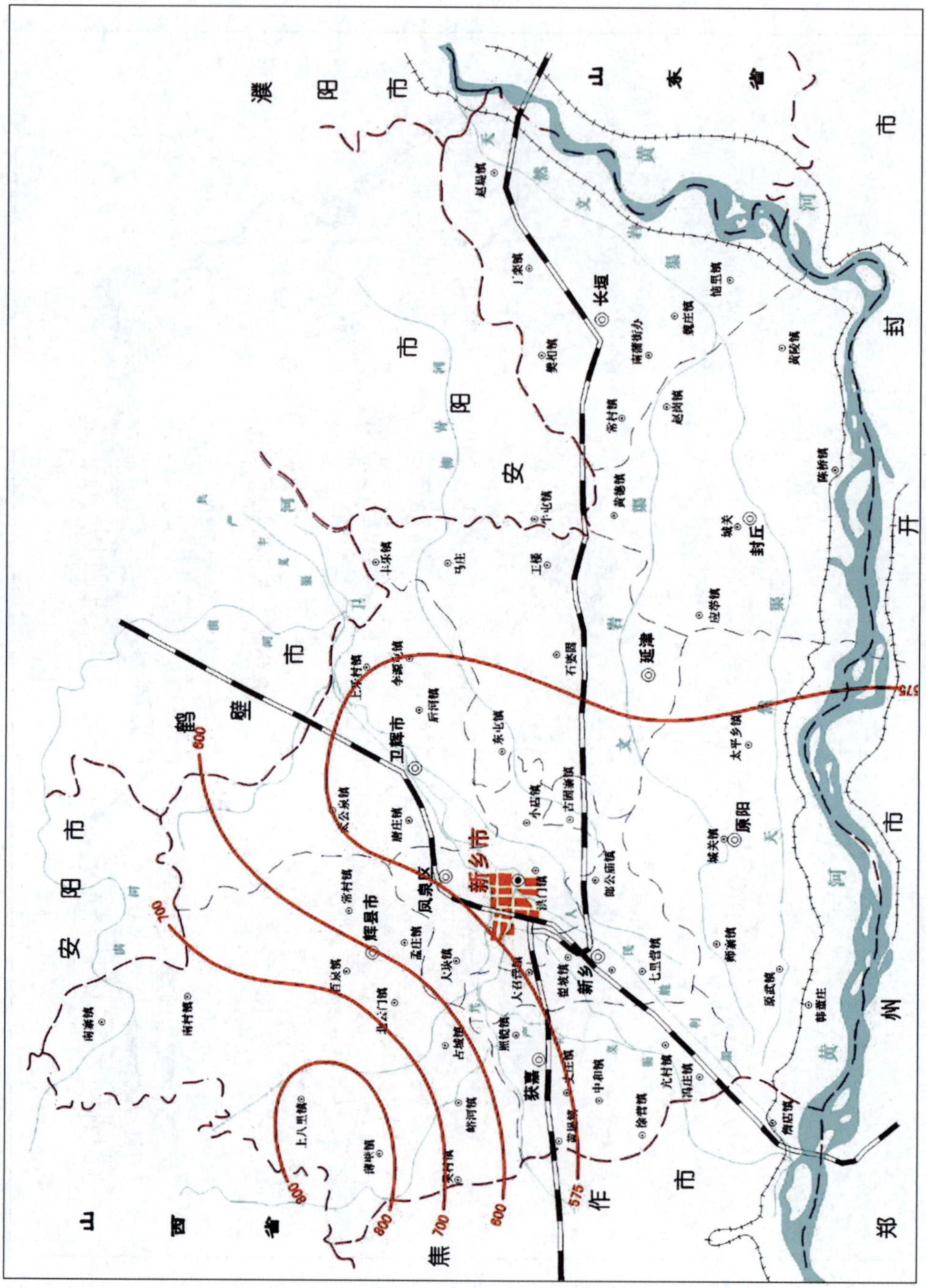

附图2 新乡市1956～2011年平均降水量等值线图（单位：mm）

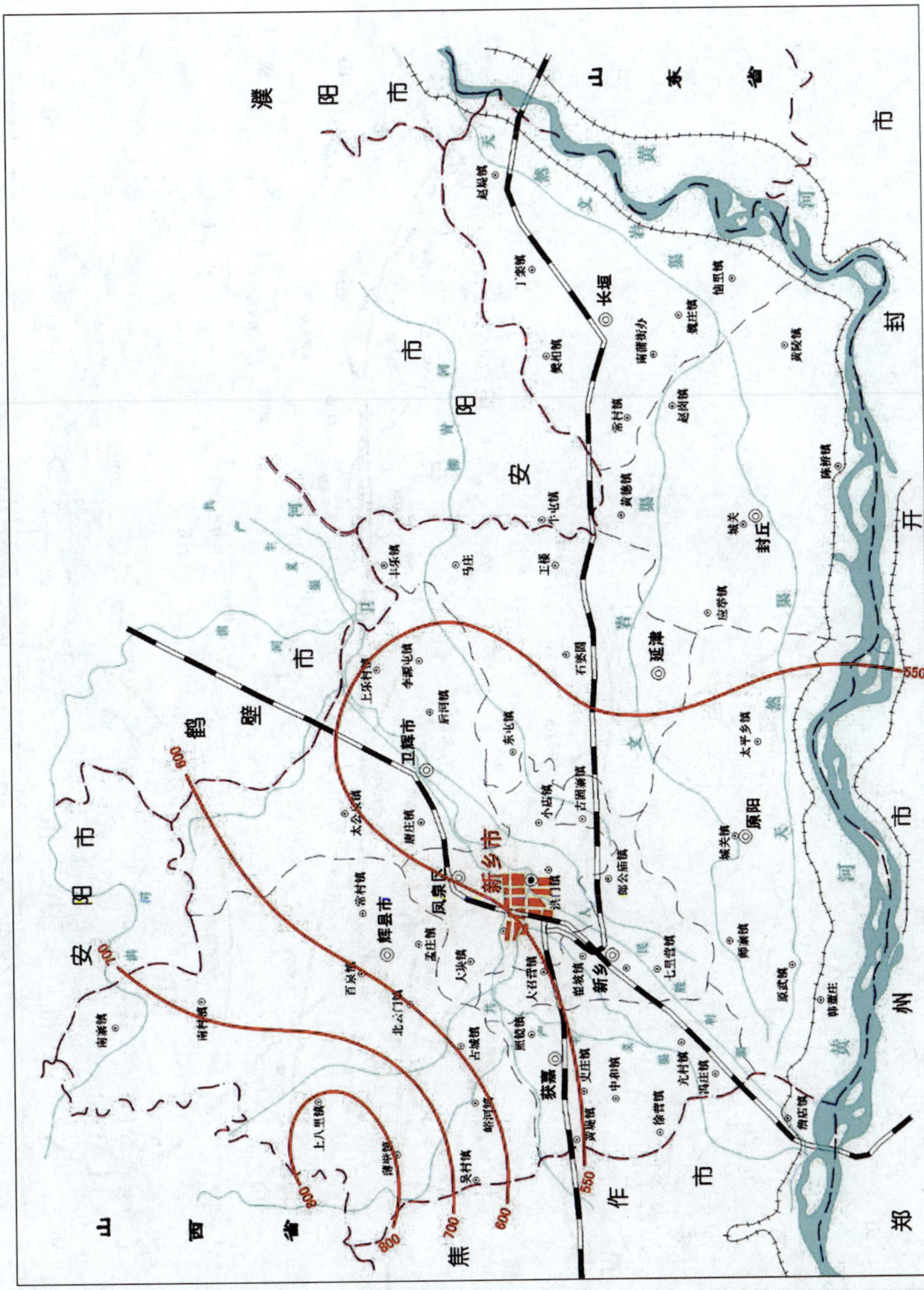

附图3　新乡市1980～2011年平均降水量等值线图　（单位:mm）

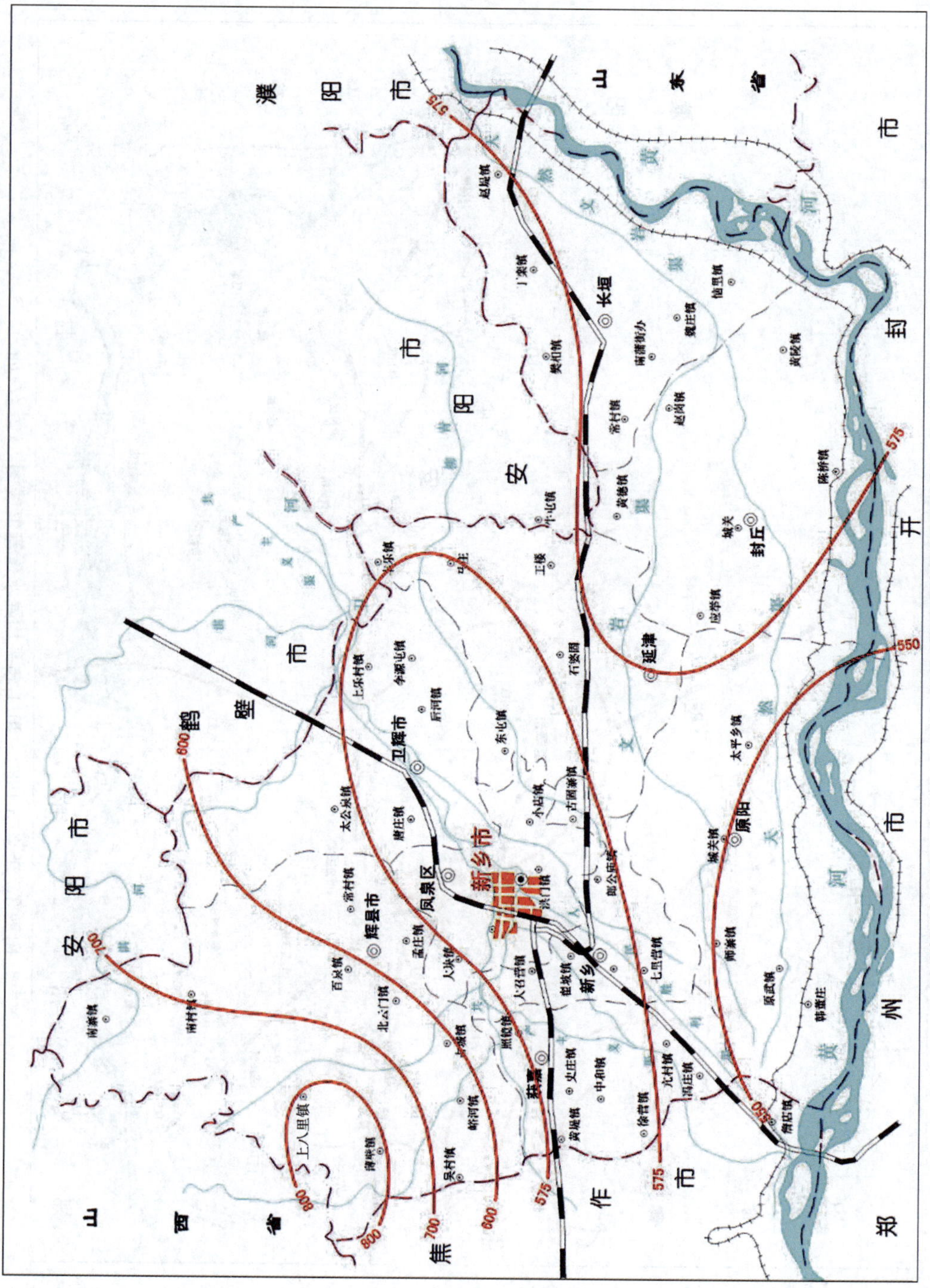

附图4 新乡市1971～2011年平均降水量等值线图（单位:mm）

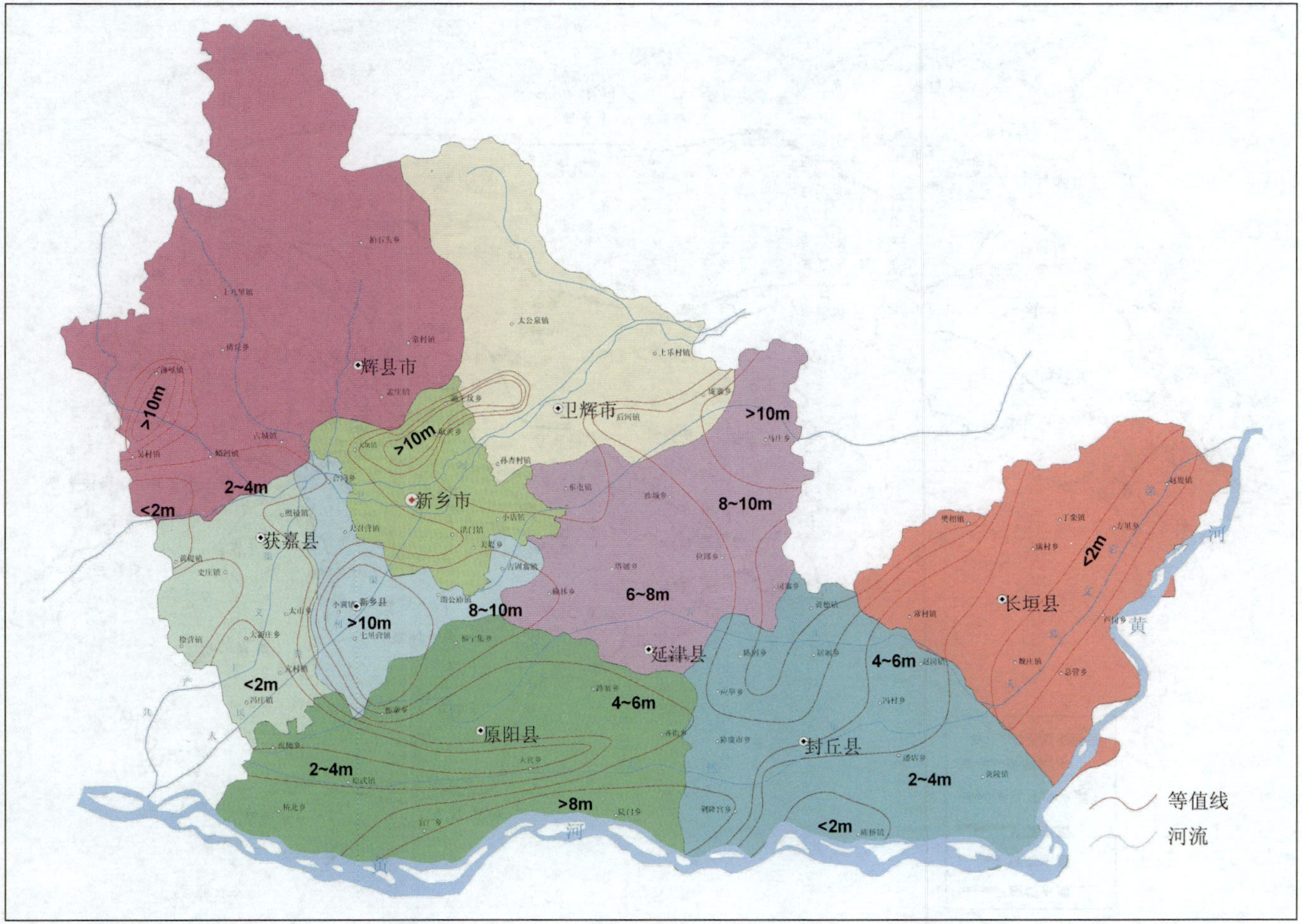

附图5　新乡市平原区2011年浅层地下水平均埋深分区图

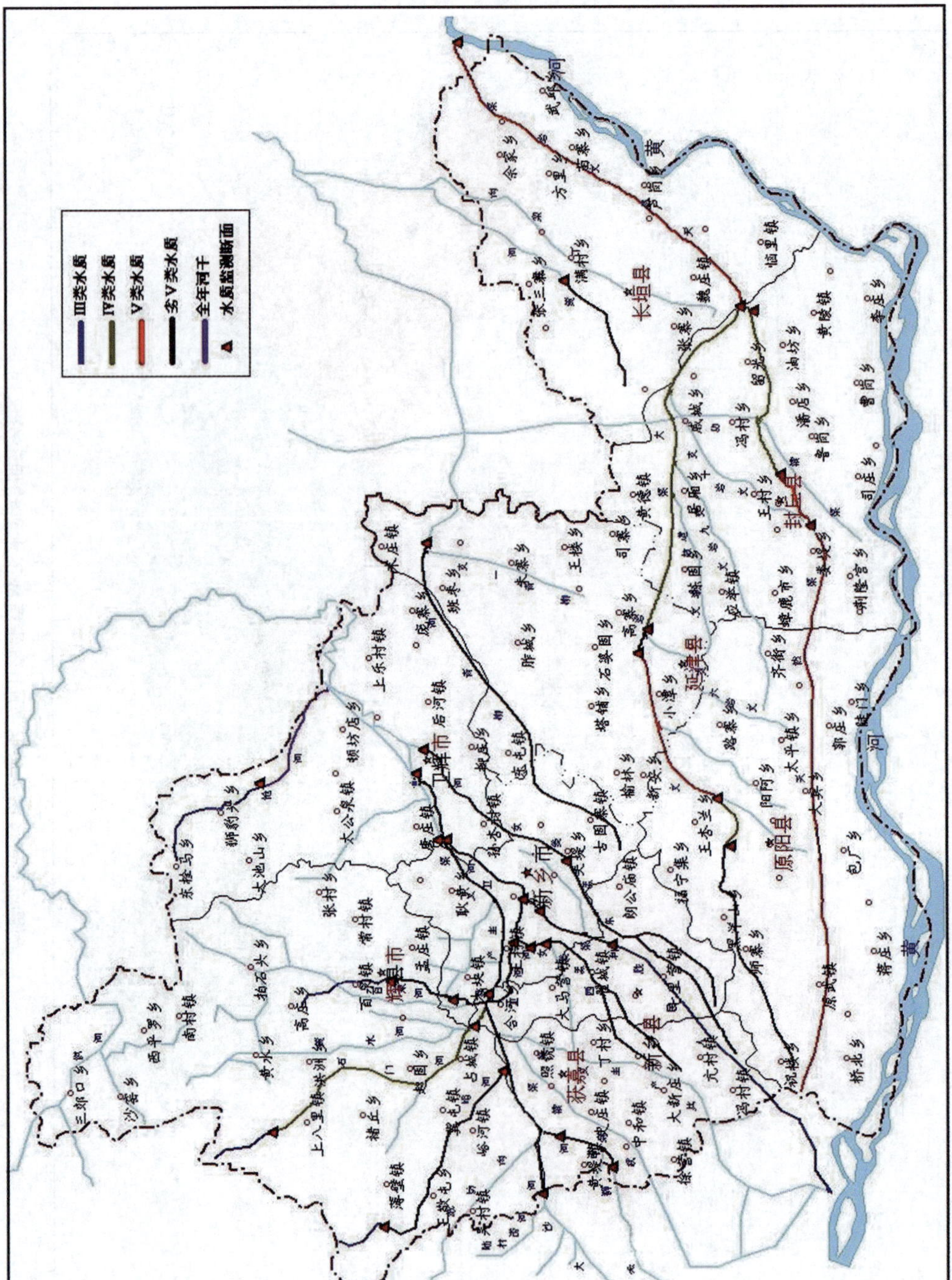

附图6　2011年新乡市地表水质监测站及水功能区水质现状图

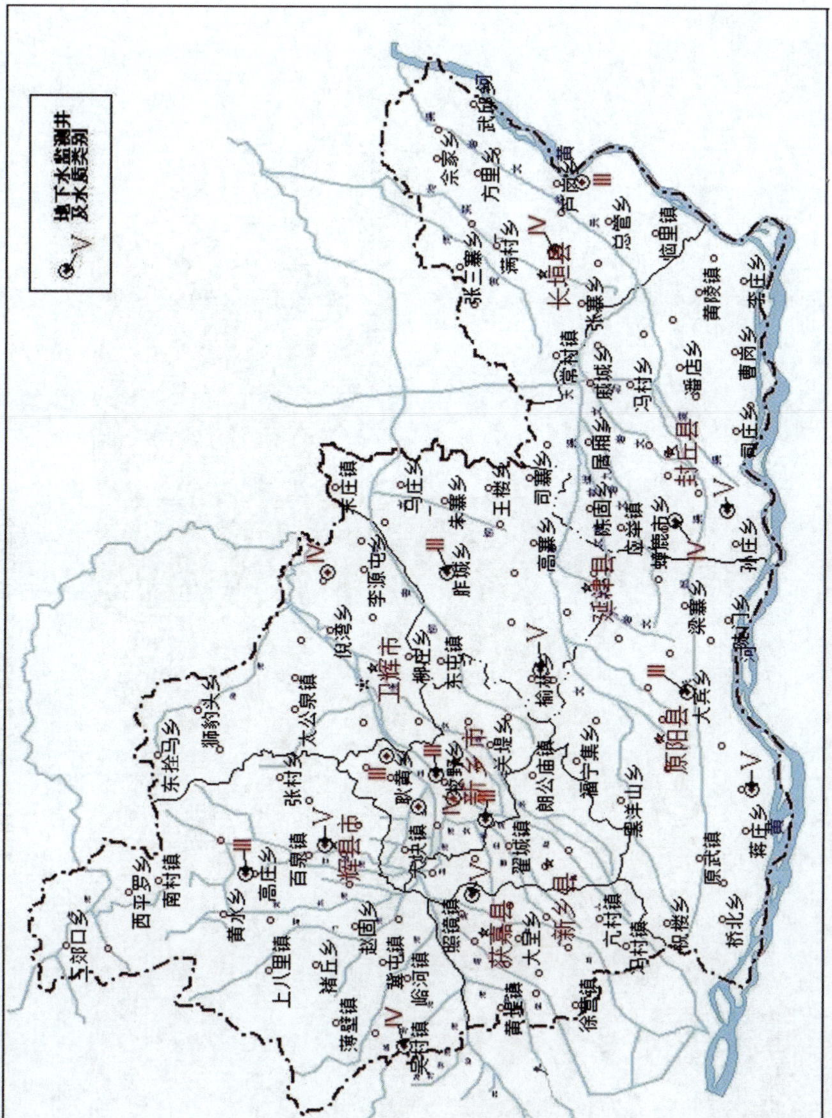

附图 7 地下水水质现状分布图

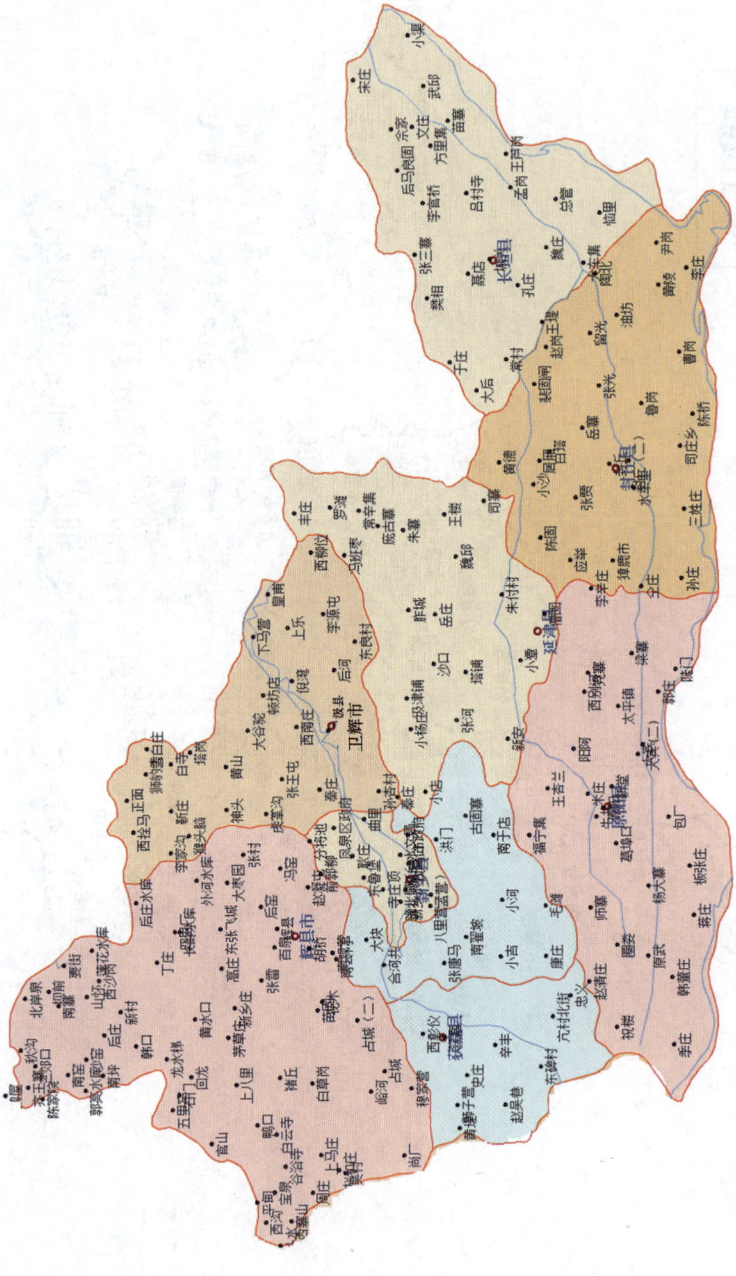

附图8 新乡市遥测雨量站分布图

参考文献

[1] 岳利军,赵彦增,韩潮.河南省水文站基本资料汇编[M].郑州:黄河水利出版社,2014.

[2] 王光生,宁方贵,肖飞,等.实用水文预报方法[M]. 北京:中国水利水电出版社,2008.

[3] 水利部水文局,长江水利委员会水文局.水文情报预报技术手册[M]. 北京:中国水利水电出版社,2010.

[4] 中华人民共和国水利部. SL 322—2013 建设项目水资源论证导则[S]. 北京:中国水利水电出版社,2014.

[5] 中华人民共和国水利部. SL 219—98 水环境监测规范[S].北京:中国水利水电出版社,1998.

[6] 河南省水资源编纂委员会.河南省水资源[M].郑州:黄河水利出版社,2007.

[7] 朱晓原,张留柱,姚永熙,等.水文测验实用手册[M].北京:中国水利水电出版社,2013.

[8] 新乡市水利局,河南省新乡水文水资源勘测局. 新乡市水资源公报[R] . 2000～2013.

[9] 新乡市统计局. 新乡市统计年鉴[Z] . 2000～2013.

[10] 杨志峰,刘静玲,孙涛,等.流域生态需水规律[M].北京:科学出版社,2006.

[11] 刘静玲,曾维华,曾勇,等.海河流域城市水系优化调度[M].北京:科学出版社,2011.

[12] 彭新瑞,崔新华,江海涛,等.水文计算实务[M].郑州:黄河水利出版社,2008.

[13] 潘家铮,张泽祯.中国北方地区水资源的合理配置和南水北调问题[M].北京:中国水利水电出版社,2011.

[14] 新乡市水利局,河南省新乡水文水资源勘测局.水资源开发决策与新乡经济可持续发展研究[R].新乡:河南省新乡水文水资源勘测局,1996.

[15] 河南省新乡水文水资源勘测局. 河南省漳卫南水系水资源质量状况分析与研究[R]. 新乡:河南省新乡水文水资源勘测局,2012.

[16] 王小国,何长海.浅析地下水开采对降雨径流的影响[J].河南水利与南水北调,2012(6).

[17] 水利部水资源管理司,水利部水资源管理中心.建设项目水资源论证培训教材[M].北京:水利水电出版社,2005.